MC BASIC Measurement&Control
計測器BASIC

高調波, 不要輻射, 変調, ひずみ,
位相ノイズ, 伝送特性の測定をこなす

スペクトラム・アナライザによる高周波測定

高橋 朋仁 著

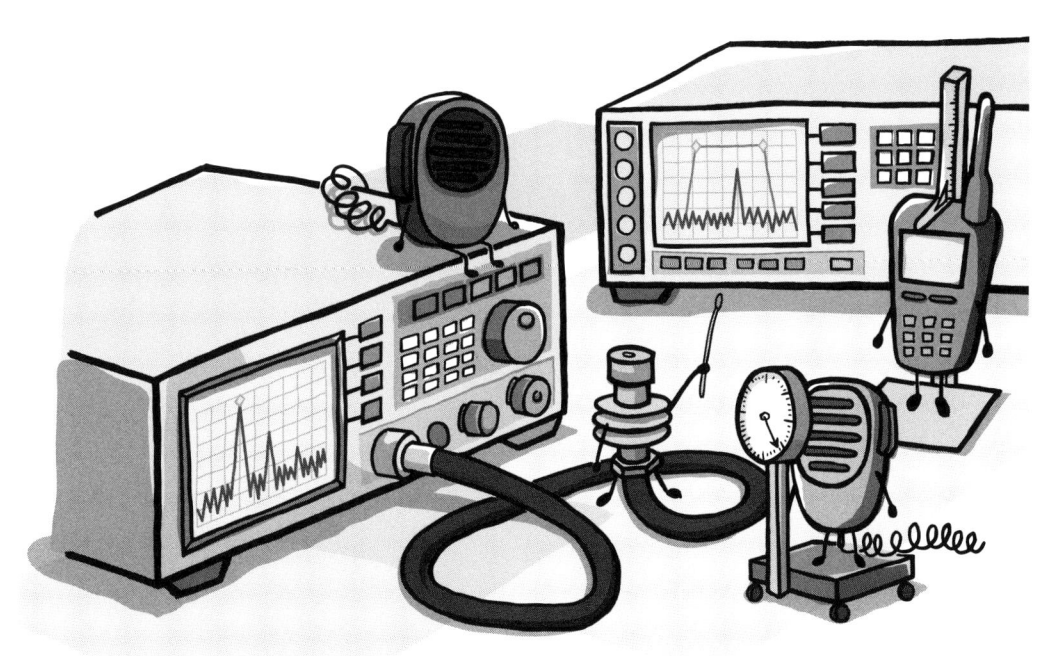

CQ出版社

はじめに

　現在の私たちの周りではテレビやラジオの放送はもちろん，携帯電話や無線LAN，Bluetoothなど電波を使った電子機器が当たり前のように使われています．このように電波は私たちの生活に欠かすことができないものになりました．

　また電波を使用する機器が普及するに伴い，電波自体や不要輻射が生体やほかの機器に与える影響も問題視されるようになっています．そのため，今まで以上に電波に対する法律も厳しくなり，ディジタル信号を高速で伝送するためには電波の質も重要になってきました．

　RF（Radio Frequency）を対象にした測定器はいろいろな種類がありますが，中心となるのはスペクトラム・アナライザです．スペクトラム・アナライザも世の中のディジタル化に合わせるように多機能，高機能化の方向に進んでいます．最近はシグナル・アナライザという名称で，スペクトラム・アナライザが一つの機能として組み込まれているタイプの測定器もあります（本書では「スペクトラム・アナライザ」を総称として使用する）．

　また最近の機種では測定が自動化されているものも多く，ボタン一つで測定結果を画面に表示してくれるようになりました．

　しかし測定の基本原理を理解しておかなければ，正しい測定結果が得られない場合もあります．最悪のケースではスペクトラム・アナライザを破損してしまうこともあります．

　本書では高周波の測定に欠かせないスペクトラム・アナライザの基本的な使い方を解説します．測定部分は前著「スペクトラム・アナライザ入門（2006年9月発行）」を元に，より実践的に書き下ろしました．そのため測定原理やスペクトラム・アナライザの内部構造などに関しては，「スペクトラム・アナライザ入門」を参考にして頂ければと思います．また，測定器に付属している取扱説明書とともに活用して頂ければ幸いです．

　最後に本書の執筆にあたり，CQ出版社ならびにアジレント・テクノロジー株式会社各位のさまざまな協力を頂きましたことに心から感謝申し上げます．

2010年5月
高橋　朋仁

目 次

はじめに ……………………………………………………………………………… 3

第1章　スペクトラム・アナライザとは …………………………………… 9

スペクトラム・アナライザを使用した測定例 …………………………… 9
時間ドメインと周波数ドメイン …………………………………………… 9
スーパヘテロダイン方式の基本原理 ……………………………………… 11

column　フィルタ ──────────────── 13

Appendix 1　スペクトラム・アナライザの使用時の注意 …………… 14

column　ウイルスに注意 ─────────────── 14

第2章　スペクトラム・アナライザの基本操作 ……………………… 17

2-1　スペクトラム・アナライザを使用するための前知識 …………… 17

スペクトラム・アナライザのフロント・パネルの操作 ……………… 17

電源キー ─────────────────────── 18
RF入力コネクタ ─────────────────── 18
ハード・キー ──────────────────── 18
テン・キー ───────────────────── 18
ソフト・キー ──────────────────── 18
ダイヤル・ノブ ─────────────────── 18

column　インピーダンスとは ──────────── 18

ディスプレイ ──────────────────── 19

スペクトラム・アナライザの測定操作手順 …………………………… 19

電源投入時の注意 ───────────────── 19

ヒートラン	20
周波数設定の意味	20
スパン（Span）周波数の意味	21
分解能帯域幅RBWとビデオ帯域幅VBWの設定	21
リファレンス・レベルの意味	22
column　dB（デシベル）とは	22

2-2　周波数の設定 … 24

- センタ周波数の設定 … 24
- スパン周波数の設定 … 25
- スタート周波数の設定 … 26
- ストップ周波数の設定 … 27
- オート・チューン … 28

2-3　マーカ機能の使い方 … 29

- マーカ機能 … 29
- デルタ・マーカ … 30

2-4　分解能帯域幅（RBW） … 33

- 分解能帯域幅とは … 33
  - column　IFフィルタ … 36
  - column　掃引とFFT … 37
- 応答時間の変化 … 37

2-5　ビデオ帯域幅（VBW） … 38

第3章　スペクトラム・アナライザを使った各種測定事例 … 41

- 入力信号レベルの範囲 … 41
- 超えてはならない最大入力電力/最大入力電圧の警告 … 41

3-1　単一信号の測定 … 42

- 被測定機器とスペクトラム・アナライザの接続 … 42
- 単一信号の測定手順 … 42
  - column　電圧定在波比VSWRと整合PAD … 44

3-2 低い振幅レベルの単一信号の測定 ……………………………… 46
被測定機器とスペクトラム・アナライザの接続 ……………………… 47
低い振幅レベルの単一信号の測定手順 ……………………………… 47

3-3 高調波/不要輻射の測定 …………………………………………… 51
高調波/不要輻射を測定するための機器の接続 ……………………… 51
高調波/不要輻射の測定手順 ………………………………………… 52
スタート周波数とストップ周波数を設定 ────────── 52
測定の手順 ─────────────────────── 52
不要輻射測定時の注意 ───────────────── 53

3-4 近接不要輻射の測定 ……………………………………………… 56
被測定機器とスペクトラム・アナライザの接続 ……………………… 56
近接不要輻射の測定手順 …………………………………………… 56

3-5 AM変調度の測定 ………………………………………………… 60
被測定機器とスペクトラム・アナライザの接続 ……………………… 61
AM変調度の測定手順 ……………………………………………… 62
縦軸ログ・スケールでの測定 ──────────────── 62

2次の変調ひずみの計測手順 ………………………………………… 64
測定方法 ───────────────────────── 64
縦軸リニア・スケールでの測定 ─────────────── 65
測定方法 ───────────────────────── 65

ゼロ・スパンを使用した測定手順 …………………………………… 67
スペクトラム・アナライザの演算機能を使う ───────── 67

3-6 位相ノイズの測定 ………………………………………………… 69
被測定機器とスペクトラム・アナライザの接続 ……………………… 71
位相ノイズの測定手順 ……………………………………………… 71

3-7 IMDの測定 ……………………………………………………… 75
被測定機器とスペクトラム・アナライザの接続 ……………………… 76
混変調ひずみの測定手順 …………………………………………… 77
測定時の注意 ………………………………………………………… 78

3-8 SSB送信機のIMDの測定 ………………………………………… 80
被測定機器とスペクトラム・アナライザの接続 …………………………… 81
SSB送信器のIMD測定手順 ……………………………………………… 81
測定時の注意 ……………………………………………………………… 84

3-9 周波数変動の測定 …………………………………………………… 85
被測定機器とスペクトラム・アナライザの接続 …………………………… 85
周波数変動の測定手順 …………………………………………………… 85

第4章　トラッキング・ジェネレータを使った測定事例 ………… 89

4-1 トラッキング・ジェネレータとスペクトラム・アナライザの関係 ……… 89

4-2 ノーマライズ ……………………………………………………………… 91
ノーマライズによる特性の変化 …………………………………………… 91
ノーマライズする方法 ……………………………………………………… 93

4-3 同軸ケーブルの損失測定 …………………………………………… 94
被測定機器とスペクトラム・アナライザの接続 …………………………… 94
損失の測定手順 …………………………………………………………… 94

4-4 RFフィルタの特性測定 ……………………………………………… 96
被測定機器とスペクトラム・アナライザの接続 …………………………… 96
RFフィルタの特性測定手順 ……………………………………………… 96

4-5 リターン・ロスの測定 ………………………………………………… 99
被測定機器とスペクトラム・アナライザの接続 …………………………… 101
リターン・ロスの測定手順 ………………………………………………… 101

4-6 プリアンプの利得測定 ……………………………………………… 103
測定時の注意 ……………………………………………………………… 103
被測定機器とスペクトラム・アナライザの接続, 測定 …………………… 104

第5章　スペクトラム・アナライザとともに使うアクセサリ … 107

- アッテネータ/ステップ・アッテネータ ── 107
- DCブロッキング・キャパシタ ── 108
- パワー・リミッタ ── 108
- プリアンプ ── 109
- 整合トランス ── 109
- RFブリッジ ── 109
- カプラ，方向性結合器 ── 110
- パワー・デバイダとパワー・スプリッタ ── 111
- 高周波/アクティブ・プローブ ── 111
- 終端 ── 112

Appendix 2　スペクトラム・アナライザの確度とデータシートの読み方 … 113

A-1　スペクトラム・アナライザの確度 … 113

- スペクトラム・アナライザの周波数の確度 … 113
- スペクトラム・アナライザの振幅の確度 … 114

A-2　スペクトラム・アナライザのデータシートの読み方 … 114

- スペクトラム・アナライザの測定可能周波数範囲 … 114
- スペクトラム・アナライザの基準周波数確度 … 115
- スペクトラム・アナライザの周波数読み値の確度 … 116
  - column　外部周波数リファレンス ── 117
- スペクトラム・アナライザのスパン周波数 … 118
- スペクトラム・アナライザのRBW … 119
- スペクトラム・アナライザの位相ノイズ … 120
- スペクトラム・アナライザの最大入力（最大損傷レベル） … 121
- スペクトラム・アナライザの測定範囲 … 121
- スペクトラム・アナライザの感度 … 122
- スペクトラム・アナライザの周波数応答 … 123

- 索　　引 ── 124
- 参考文献 ── 127
- 著者略歴 ── 128

第1章
スペクトラム・アナライザとは

　スペクトラム・アナライザとは，周波数と振幅レベル（電力）を測ることができる測定器です．しかし周波数を測るには周波数カウンタを，電力を測るには電力計（パワー・メータ）を使うほうが高精度に測定することができます．
　では，なぜスペクトラム・アナライザを使うのでしょうか．

スペクトラム・アナライザを使用した測定例

　スペクトラム・アナライザは周波数ごとの電力を測定することが可能です．周波数の分布と電力を同時に測定することで，高調波や不要輻射，変調，ひずみ，位相ノイズなど，さまざまなことが分かります．スペクトラム・アナライザを使用した測定例を**画面1.1～画面1.4**に示します．
　画面1.5は，トラッキング・ジェネレータを併用して測定した例で，被測定物の伝送特性も測定できます．
　そのほか，基準アンテナを使用した電界強度の測定や，バンドスコープとして無線局のモニタリングも可能です．

時間ドメインと周波数ドメイン

　信号を観測する際，**図1.1**に示すように，時間軸で観測する場合（時間ドメイン）と周波数軸で観

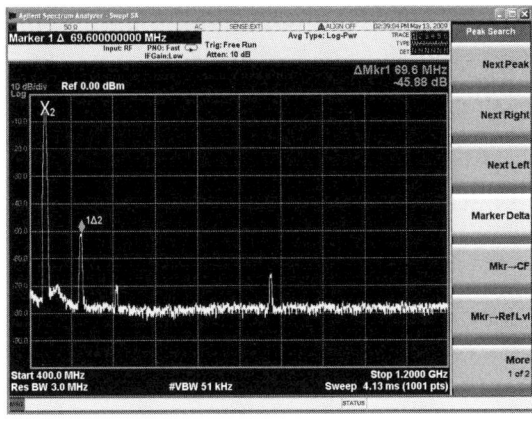

画面1.1　高調波，不要輻射の測定例

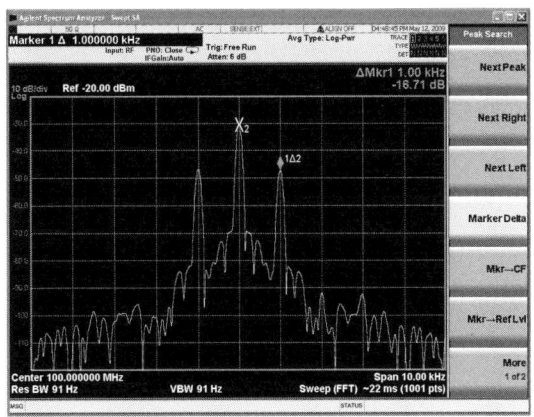

画面1.2　変調の測定例

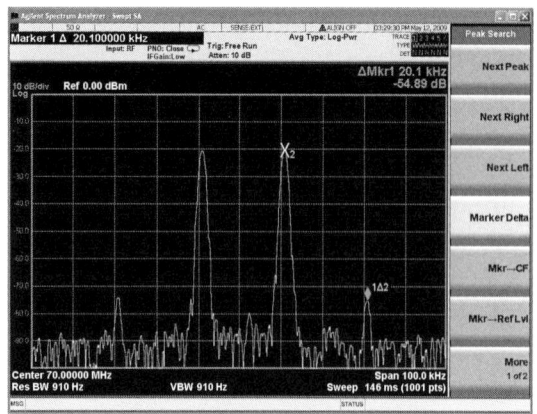

画面1.3 ひずみの測定例

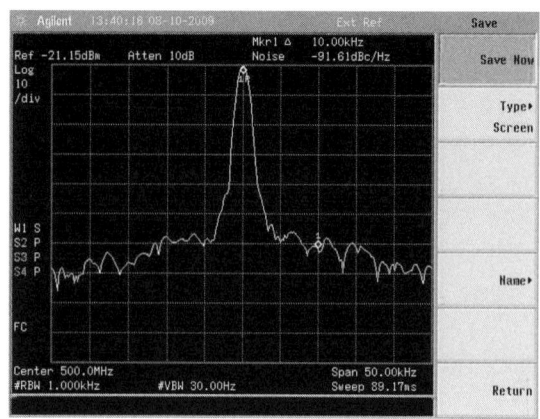

画面1.4 位相ノイズの測定例

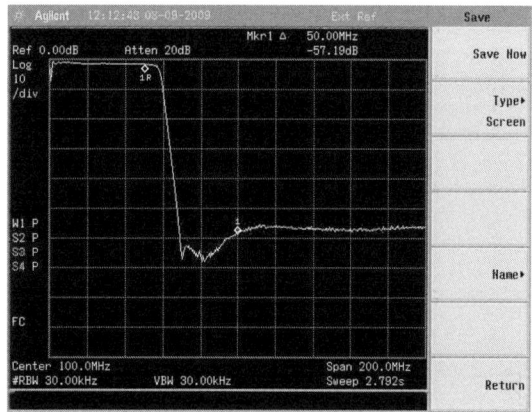

画面1.5 フィルタの伝送特性の測定例

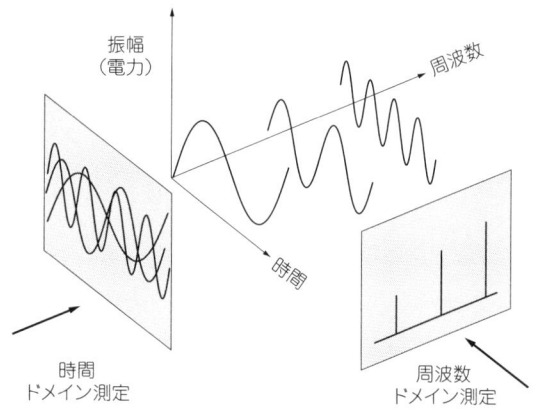

図1.1 時間ドメイン測定と周波数ドメイン測定

測する場合(周波数ドメイン)があります．

　時間と振幅の関係を表したものを「時間ドメイン」と呼び，代表的な測定器は**写真1.1**，**画面1.6**に示すオシロスコープです．

　「周波数ドメイン」は周波数と振幅(電力)の関係を表したもので，スペクトラム・アナライザが代表的な測定器です(**写真1.2**，**画面1.7**)．

　画面1.6に示したオシロスコープの画面は横軸が時間，**画面1.7**に示したスペクトラム・アナライザの画面は横軸が周波数であることを理解してください．

　スペクトラム・アナライザは，指定範囲の周波数分布と電力を表示するために，いくつかの種類があります．

　信号をディジタル化しFFT(Fast Fourier Transform)と呼ばれる演算で周波数を分離するFFT方式のアナライザや，周波数別のフィルタを並べることで周波数の分離を行うフィルタ方式のアナライザなどがあります．もっとも一般的なタイプは，掃引同調方式を採用したスーパヘテロダイン方式

第1章 スペクトラム・アナライザとは ● スーパヘテロダイン方式の基本原理

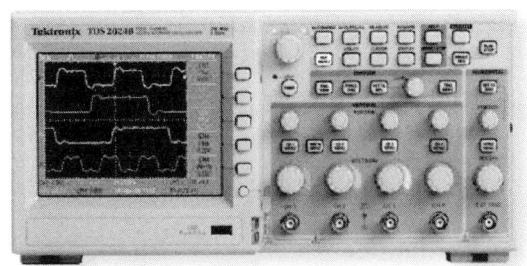

写真1.1 オシロスコープの例

写真1.2 スペクトラム・アナライザの例

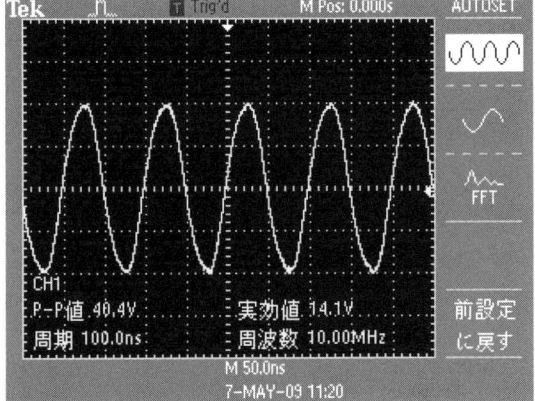

画面1.6 オシロスコープの画面の例

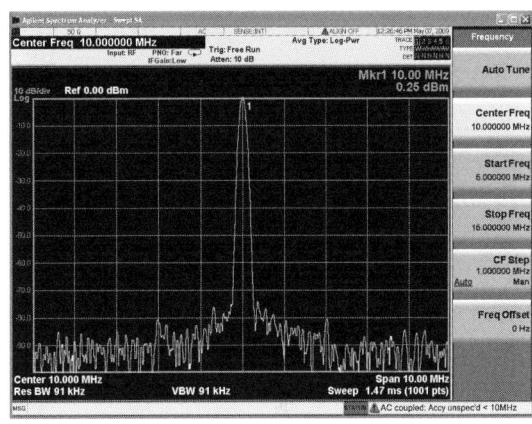

画面1.7 スペクトラム・アナライザの画面の例

のスペクトラム・アナライザです．

　本書では高周波の測定で主に使用されるスーパヘテロダイン方式のスペクトラム・アナライザに絞って解説します．

　最近の機種ではスーパヘテロダイン方式でも中間周波数（IF：Intermediate Frequency）以降はディジタル化して演算を行う方式のスペクトラム・アナライザも増えています．本書では特に異なる点がある場合を除いてスーパヘテロダイン方式として取り扱います．

スーパヘテロダイン方式の基本原理

　図1.2の簡易ブロック図に示すスーパヘテロダイン方式は，入力信号をミキサで固定の中間周波数に変換し，IFフィルタで信号を分離した後，ログ・アンプで対数化を行い，検波後ビデオ・フィルタを通してディスプレイにスペクトラムを表示します．

　原理は一般のラジオと同じで，同調ダイヤルの代わりに掃引ジェネレータ，スピーカの代わりにディスプレイが付いています．

　掃引することで，一つのフィルタでスペクトラムを分離しているため「掃引同期形」とも呼ばれます．

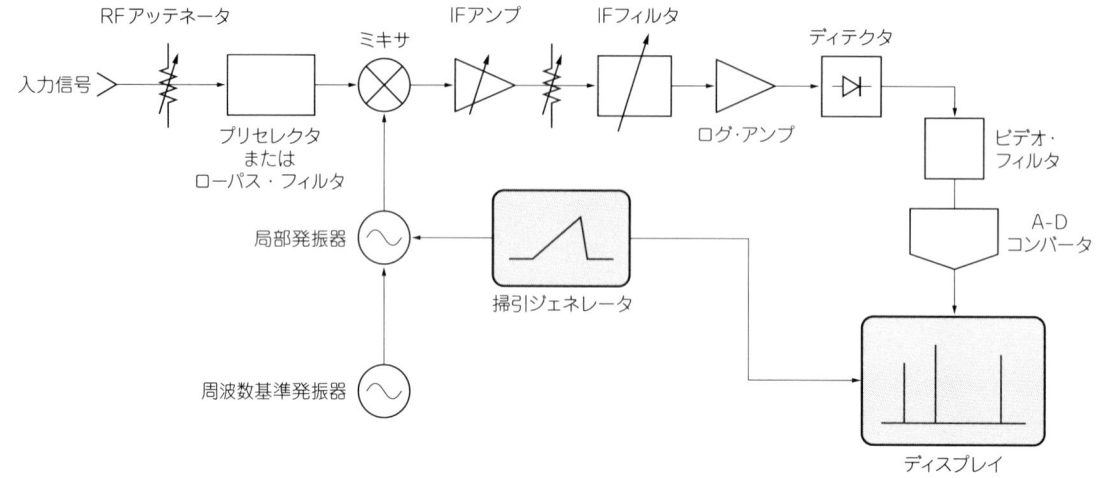

図1.2　スーパヘテロダイン方式スペクトラム・アナライザの簡易ブロック図

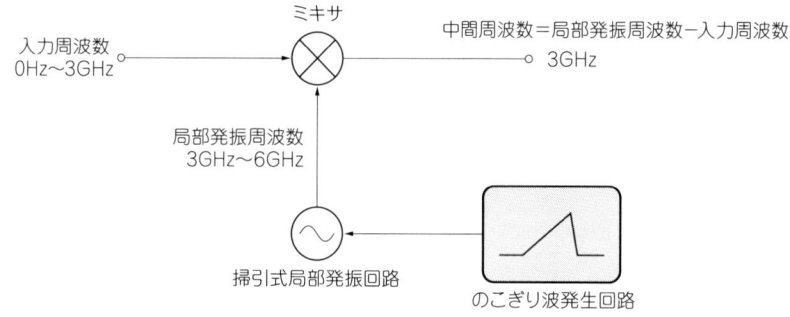

図1.3　受信周波数にかかわらず中間周波数が一定になる原理

　スーパヘテロダイン方式は，周波数を固定の中間周波数に変換するため，広い周波数範囲を広いダイナミック・レンジで測定することができます．また，中間周波数は測定周波数に関係なく一定です（図1.3）．そのため，信号分離に使用するフィルタは固定周波数でよく，高性能なフィルタを使うことができます．

　スーパヘテロダイン方式の欠点は，ある時間では一つの周波数しか観測できないため単発信号を見落とす可能性があることです．また，フィルタの帯域（RBW；Resolution Bandwidth）を狭めると，掃引に時間が必要になります．

　IFフィルタは分解能帯域幅を決める大切な部分です．この回路にはLCフィルタやクリスタル・フィルタが使われていましたが，最近ではDSPを使ったディジタル・フィルタや，IFフィルタ部分がディジタル化されFFT解析を行うタイプも登場しています．

column　フィルタ

　フィルタは測定対象の信号から必要な信号だけを取り出すために使用します．
　フィルタには大きく分けて四つの種類があります（図1.A）．
① ローパス・フィルタ（LPF）
② バンドパス・フィルタ（BPF）
③ ハイパス・フィルタ（HPF）
④ バンドエリミネーション・フィルタ（BEF）

　ローパス・フィルタは，遮断周波数より低い信号のみ通過させます．
　ハイパス・フィルタは，遮断周波数より高い信号のみ通過させます．
　バンドパス・フィルタは，中心周波数の上下の帯域幅の信号のみ通過させます．
　バンドエリミネーション・フィルタは中心周波数の上下の帯域幅の信号のみ取り除きます．非常に急峻なBEFはノッチ・フィルタとも呼ばれます．ノッチ・フィルタはスポット的な妨害波を削除したりする際に使用されています．
　高周波帯のLPF，HPF，広帯域なBPF回路のほとんどはコイルとコンデンサの組み合わせで構成します．IFフィルタなどの狭帯域フィルタは，水晶やセラミックなどの共振子の組み合わせで構成されています．
　最近ではDSP（Digital Signal Processor）を使用したディジタル・フィルタも多用されています．ディジタル・フィルタの利点は広帯域から狭帯域までプログラムで作成でき，アナログ・フィルタでは難しい超狭帯域も実現可能です．
　シェイプ・ファクタが1のフィルタも可能になり，製品にばらつきがなく，調整不要と利点が多いので今後はさらに利用されていくと思われます．欠点はA-DコンバータやDSPの限界から低い周波数のフィルタしか作れないことです．
　スペクトラム・アナライザや受信機のIFフィルタには，BPFが使用されています．
　中心周波数可変BPFを「プリセレクタ」と呼び，スペクトラム・アナライザの入力フィルタにも使用されています．

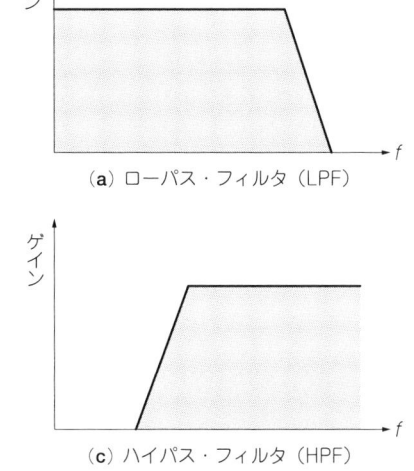
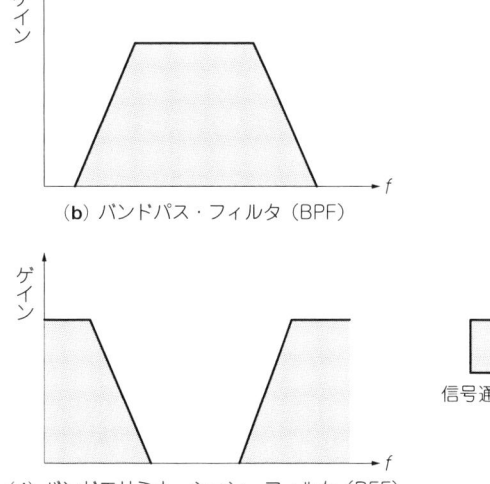

(a) ローパス・フィルタ（LPF）　　(b) バンドパス・フィルタ（BPF）
(c) ハイパス・フィルタ（HPF）　　(d) バンドエリミネーション・フィルタ（BEF）

図1.A　フィルタ別信号通過帯域

Appendix 1
スペクトラム・アナライザの使用時の注意

　スペクトラム・アナライザを使用する際にいちばん注意しなければならないことは,「壊さない」ということです.

　スペクトラム・アナライザの信号入力コネクタには,かならず最大入力電圧と最大入力電力が書かれています(**写真1.A**).この値は一瞬でも超えてはいけません.スペクトラム・アナライザに重大な損傷を与えてしまうことがあります.

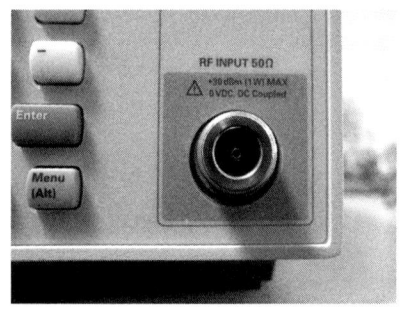

写真1.A　スペクトラム・アナライザの耐入力

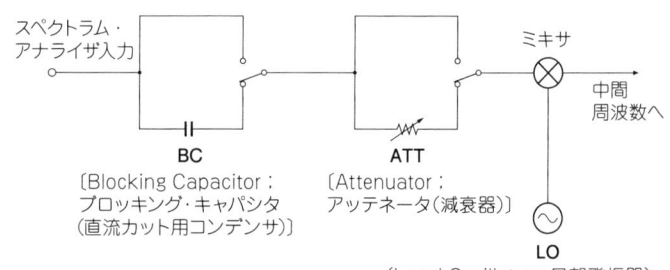

図1.A　一般的なスペクトラム・アナライザの入力部のブロック図

---

column　　　　　　　　ウイルスに注意

　最近のスペクトラム・アナライザは,アプリケーションの追加でさまざまな測定を可能にするタイプが増えています.それらの機種はシグナル・アナライザとも呼ばれアプリケーションの一つとしてスペクトラム・アナライザが搭載されています.

　これらの機器では各種データの管理をするためにWindowsなどの汎用OSを採用している機種が増えています.そのため,今までのスペクトラム・アナライザとは異なる注意が必要です.

　一つは電源を切るときにはかならず指定の方法で行います.動作中にACケーブルを抜いたりするとHDDやOS,アプリケーションが破損してしまうことがあります.

　もう一つの注意は「ウイルス」です.

　たとえばアジレント・テクノロジー社のMXAシグナル・アナライザにはWindows XPが搭載されていて,インターネットに接続すれば内蔵のブラウザでWebサイトを見ることも可能です.当然ウイルス・プログラムを実行すると感染してしまいます.LANに接続していなくてもUSBメモリ経由での感染の可能性もあるので,パソコンと同様にウイルス対策ソフトをインストールしておくことをおすすめします.

　ただしメーカ指定以外のアプリケーションをインストールする場合は,メーカに確認の上インストールするようにしてください.

スペクトラム・アナライザの入力部分は，**図1.A**のようになっています．最大入力電圧はアッテネータの前に入っているブロッキング・キャパシタBCの耐電圧で決まっています．最大入力電力はほとんどの機種がアッテネータATTの耐電力です．

機種によってはブロッキング・キャパシタが内蔵されていない機種や，低い周波数を測定する際の影響を排除するために，レンジによってブロッキング・キャパシタをスルーする機種があります．そのような機種には，直流電圧を加えてはいけません．

直流が加わる可能性がある場合には，DCブロッキング・キャパシタを使用します（**写真1.B**）．

内蔵アッテネータはスルー(0dB)に設定することも可能ですが，その場合には電力が直接スペクトラム・アナライザの初段に加わることになるため，一般的に耐電力は低くなります．そのため通常は特別な操作をしなければ内蔵アッテネータを0dBに設定できません．

内蔵アッテネータを0dBに設定する必要があるときには，測定方法が正しいかどうかを再考した上，十分注意して測定を行ってください．

最大定格以上の電力が加わる可能性がある場合には，外部にパワー・リミッタやアッテネータを接続したり，カプラを使用したりするなどして，スペクトラム・アナライザに過大な電力が加わらないようにセッティングします（**写真1.C**）．

アッテネータはスペクトラム・アナライザの保護だけではなく，被測定機器とのインピーダンス整合を高める効果もあるので常用することをお薦めします．パワー・リミッタは過大電力だけではなく，突発性パルスやスパイクのような過大信号にも対応します（**写真1.D**）．

また，トラッキング・ジェネレータを使用してアンプの増幅度を測定する場合には，被測定アンプの出力電力にも十分気をつけてください．

スペクトラム・アナライザは，電力計ではなく，受信機であることを常に意識して使用してください．

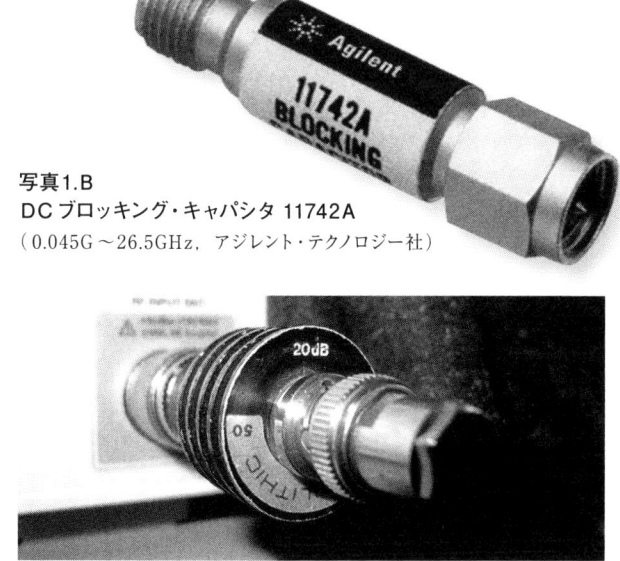

写真1.B
DCブロッキング・キャパシタ 11742A
（0.045G～26.5GHz，アジレント・テクノロジー社）

写真1.C 外部アッテネータを挿入して測定

写真1.D
パワー・リミッタ N9356B
（アジレント・テクノロジー社）

第2章
スペクトラム・アナライザの基本操作

スペクトラム・アナライザを使用して測定を始める前に，基本的な操作方法を解説します．

2-1 スペクトラム・アナライザを使用するための前知識

スペクトラム・アナライザのフロント・パネルの操作

写真2.1.1に，スペクトラム・アナライザのフロント・パネルを示します．

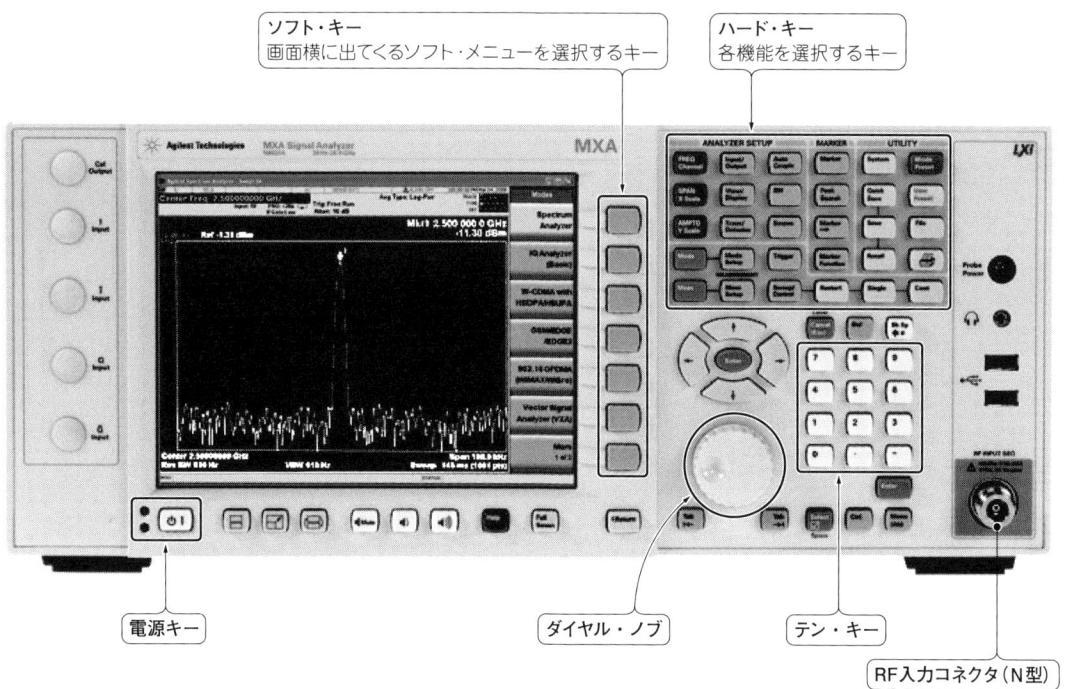

写真2.1.1 シグナル（スペクトラム）アナライザ N9020A（アジレント・テクノロジー社）のフロント・パネル

● 電源キー

電源キーでスペクトラム・アナライザの起動と終了を行います.バック・パネルにメインの電源スイッチが付いている機種もあります.そのような機種では,メイン電源をONにした後で操作を行います.OS内蔵タイプのスペクトラム・アナライザでは,OSのシャットダウンにも使用します.

● RF入力コネクタ

RF入力コネクタには測定信号を入力します.インピーダンスは50Ωもしくは75Ωです.一般的に高周波特性のよいN型コネクタが使われています.

● ハード・キー

ハード・キーには,よく使う機能が設定されていて直接呼び出すことができます.

● テン・キー

周波数などの数値を直接打ち込む際に使用します.

● ソフト・キー

ハード・キーで呼び出した機能のサブメニューがディスプレイに表示され,ディスプレイ横のボタンに複数の機能を与えます.

● ダイヤル・ノブ

マーカ・ポイントを移動させたり,アナログ的に値を変更するときに使用します.

---

column　インピーダンスとは

インピーダンスとは,交流回路における抵抗です.抵抗ですから単位はΩ(オーム)が用いられます.

通常の抵抗器は直流から高周波まで同じ抵抗値ですが,インピーダンスはコイルとコンデンサが作り出す抵抗が主になります.そのため周波数によって同じ回路でもインピーダンスが変化します.

機器間や機器と伝送路,機器とアンテナなどを接続する場合にはインピーダンスを適合させて接続します(インピーダンスの整合).インピーダンスが異なると電圧か電流のどちらかの損失を招き,結果的に電流×電圧(=電力)の損失が発生します.

しかしインピーダンスが各機器でバラバラだと機器間を接続するたびに整合をとる必要があり不便なので,基本的には50Ωか75Ωに統一されています.75Ωはダイポール・アンテナのインピーダンスを基本として設定され,テレビ系の受信設備のアンテナやビデオ信号,映像系の測定器で使用されています.

電波の送受信機器は50Ωのインピーダンスが原則です.スペクトラム・アナライザの入力インピーダンスも映像用に使用するタイプは75Ω,それ以外は50Ωです.

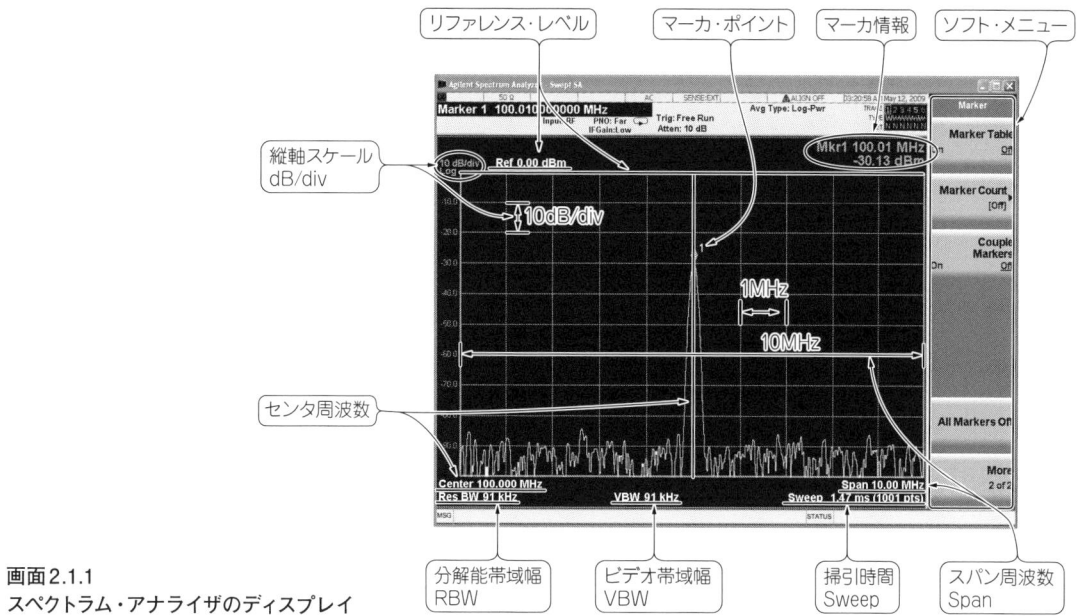

画面2.1.1
スペクトラム・アナライザのディスプレイ

● ディスプレイ

スペクトラム・アナライザのディスプレイには，波形のほかにもいろいろな情報が表示されます（**画面2.1.1**）．

スペクトラム・アナライザの測定操作手順

スペクトラム・アナライザを使用して測定を行うまでの手順を**表2.1.1**に示します．

● 電源投入時の注意

供給する電源電圧に120 V ～ 220 V の切り替えがある機種では，120 V に設定されていることを確認します．

リア・パネルにメイン・スイッチが付いている機種ではそちらをONにして，次にフロント・パネルの電源スイッチをONにして電源を投入します．

表2.1.1
スペクトラム・アナライザの測定手順

①	スペクトラム・アナライザの電源投入
②	指定時間のヒートラン
③	周波数，レベルを設定する
④	入力コネクタに信号を加える
⑤	ディスプレイに表示された波形からデータを取得する

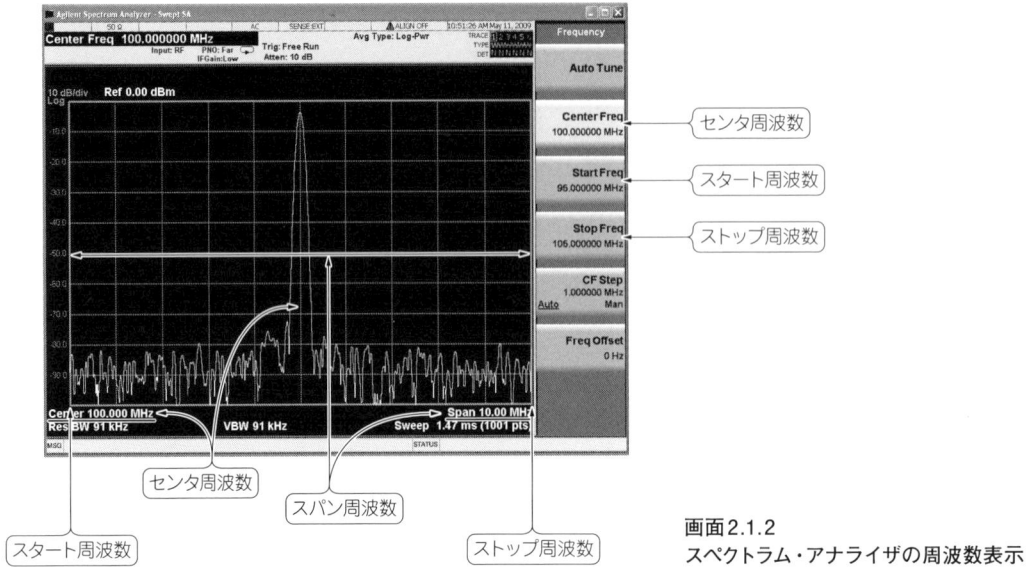

画面2.1.2
スペクトラム・アナライザの周波数表示

● ヒートラン

　電源を投入し測定可能な状態になった後，メーカが指定する時間の間，ヒートランを行います．

　ヒートランとは通電して，各部のウォームアップを行うことです．スペクトラム・アナライザが所定の性能を満たすために必要な作業です．

　電子機器は電源投入直後から温度が上昇していき，ある一定の温度で安定しますが，電源投入直後は温度上昇が激しいために回路動作が不安定になります．

　またオーブンと呼ばれる恒温層に入っている基準発振回路が使われている場合には，恒温層が一定の温度になったときに所定の周波数安定度が確保されるために，ヒートランの間は周波数が安定しません．

　ヒートランに必要な時間は，機種によってさまざまなので各機種のマニュアルで確認します．もし指定がない場合には，計測の30分前には電源を入れておくようにします．

● 周波数設定の意味

　スペクトラム・アナライザを使用するに当たり，下記の周波数の意味を理解しておく必要があります（画面2.1.2）．
▶ センタ周波数
　画面横軸の中心になる周波数です．
▶ スタート周波数
　掃引を始める周波数で，画面左端に表示される周波数です．
▶ ストップ周波数
　掃引を終了する周波数で，画面右端に表示される周波数です．
▶ スパン周波数

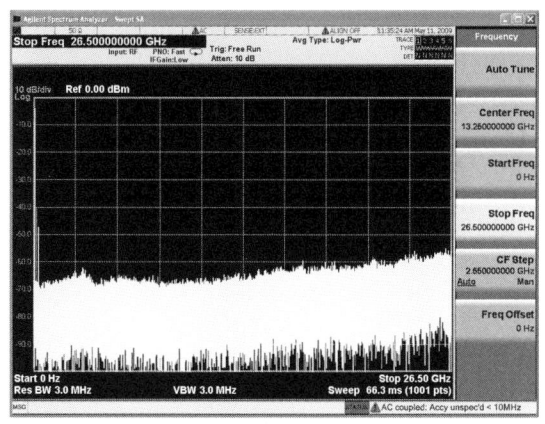
画面2.1.3　フル・スパン

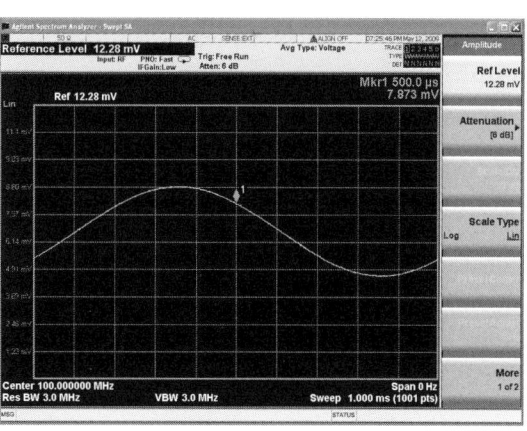
画面2.1.4　ゼロ・スパン

ストップ周波数とスタート周波数の差です．

スパン周波数を変更してもセンタ周波数は変わらないため，通常単一スペクトラムの信号を測定する場合には，被測定信号の周波数をセンタ周波数に設定します．

● スパン（Span）周波数の意味

スペクトラム・アナライザは広い範囲の周波数を観測することができます．

数Hzから数十GHzまで測定できる機器もあり，ディスプレイ上にすべての周波数を表示すると信号を正しく測定することは困難です．そのため周波数の範囲を指定して，測定可能周波数の一部分を表示できるようになっており，表示される周波数範囲を「スパン周波数」もしくは「スパン」と呼びます．

画面2.1.3に示すように測定可能周波数をすべて表示する場合を「フル・スパン（Full Span）」，**画面2.1.4**に示すように周波数を掃引せず単一周波数を表示する場合を「ゼロ・スパン（Zero Span）」と呼びます．

正しい測定をするためには，適切なスパンを設定する必要があります．

スパン周波数を設定すると，センタ周波数を中心に，前後スパン周波数÷2の範囲が表示範囲になります．たとえば，**画面2.1.5**に示すようにセンタ周波数が100MHzでスパン周波数10MHzを設定すると，スタート周波数は95MHz，ストップ周波数は105MHzに設定されます．

● 分解能帯域幅RBWとビデオ帯域幅VBWの設定

複数の信号を分離して測定するためには，適切なRBW（Resolution Band Width；分解能帯域幅，2-4参照）とVBW（Video Band Width；ビデオ帯域幅，2-5参照）を設定する必要があります．RBWを狭めていくとフィルタの応答速度が遅くなるため，掃引に時間がかかるようになります．

そのためスペクトラム・アナライザは，スパン周波数に合わせて最速許容掃引時間が自動的に設定されるようになっています．

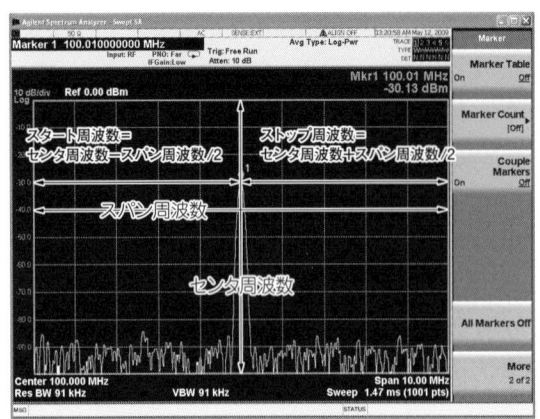

画面2.1.5 スパンを設定するとスタート/ストップ周波数も決まる

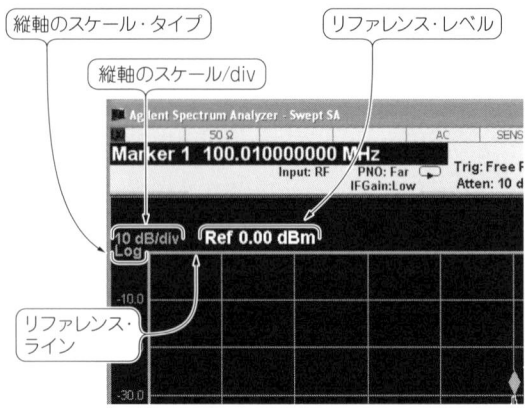

画面2.1.6 リファレンス・レベル

● リファレンス・レベルの意味

リファレンス・レベルとは基準になるレベルのことで，スペクトラム・アナライザではディスプレイのいちばん上のラインです（**画面2.1.6**）．

一般的には初期値は0dBmに設定されています．信号レベルはこのラインを基準にして読み取ります．

---

column　　　　dB（デシベル）とは

電子工学では，デシベル（dB：デービーとも読む）という単位を多用します．デシベルとは，比の値を対数表示したものです．

スペクトラム・アナライザのレベルの標準単位もデシベルが使用されています．ちなみにオシロスコープの縦軸は電圧（V）です．

定義は以下の式になります．

電圧・電流比（dB）：$20 \times \log_{10}$（倍率）
電力比（dB）　　　：$10 \times \log_{10}$（倍率）

なぜデシベルは多用されるのでしょうか．

たとえば信号の基本波と高調波では，電力で100万倍（60デシベル）の差があることも少なくありません．その場合，対数表示（デシベル表示）でなければ1画面内に両方の波形を表示することは困難です．

縦軸をデシベルと電圧で表示した例を**画面2.1.A**，**画面2.1.B**に示します．デシベルで表示された画面は8倍高調波をも観測できますが，電圧で表示された画面では3倍高調波がやっと見えるぐらいになっています．

またデシベルを使用すると，1/1000000が－60dBと表示でき，有効桁数が少なくなるために分かりやすくなります．

もう一つのメリットはかけ算が足し算で，割り算が引き算で計算できるため，計算が楽になることです（**図2.1.A**）．

スペクトラム・アナライザの注意書きに「入力レベルは最大＋30dBm」などと記載されています．比較するための単位であるデシベルなのになぜだろうと思われるかもしれませんが，実は基準を作ることでデシベルを絶対値の単位として使用するようになったためです．

よく使用されるのはdBμVとdBmです．dBμは1μV＝0dBμで電圧の単位です．dBmは1mW

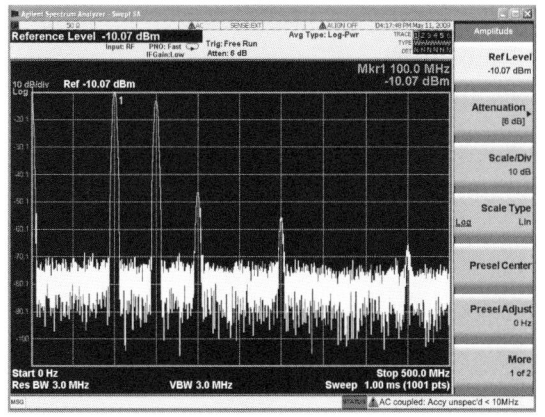

画面2.1.A　縦軸がLogスケール（デシベル表示）

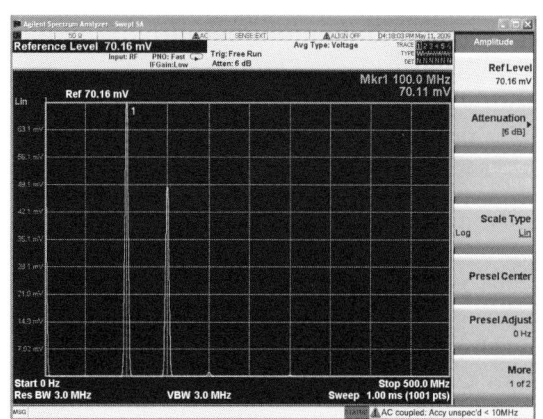

画面2.1.B　縦軸がリニア・スケール（電圧表示）

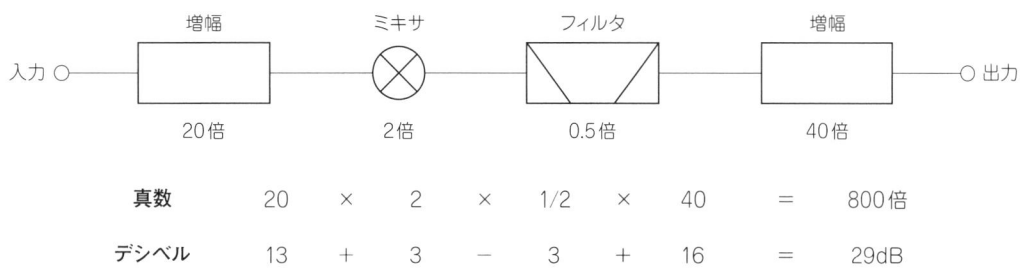

図2.1.A　デシベルを使うと足し算で計算できる（電力）

表2.1.A　デシベル変換表

真数（倍率）	電圧（dB）	電力（dB）
0.1	−20	−10
0.5	−6	3
1	0	0
1.4	3	1.5
2	6	3
10	20	10

＝0dBmで電力の単位になります．上記の注意書きの場合は＋30dBm＝1Wとなります．

　デシベルは対数のため暗算は難しいのですが，いくつかの基本的な値を覚えておくことで使いやすくなります．

　その値は電圧で3，6，20dB，電力で1.5，3，10dBです．ともに真数では1.4，2，10倍になります（表2.1.A）．

たとえば電力の場合，
5倍は，10倍÷2倍＝10dB−3dB＝7dB
20倍は，10倍×2倍＝10dB＋3dB＝13dB
43dBは，10dB＋10dB＋10dB＋10dB＋3dB＝10×10×10×10×2＝20000倍
と計算できます．

2-2 周波数の設定

スペクトラム・アナライザの周波数設定方法を具体的に解説します．

センタ周波数の設定

センタ周波数を設定します（**パネル2.2.1**，キーの配置は機種によって異なるので注意）．
① ハード・キーの周波数キー［FREQ Channel］（☝1.1）で，周波数設定画面を呼び出す．現在のセンタ周波数が表示される（**画面2.2.1**）
② テン・キー（☝1.2）を使って，センタ周波数を打ち込む（**画面2.2.2**）
③ ソフト・キー（☝1.3）で単位を選択し，センタ周波数を決定する（**画面2.2.3**）

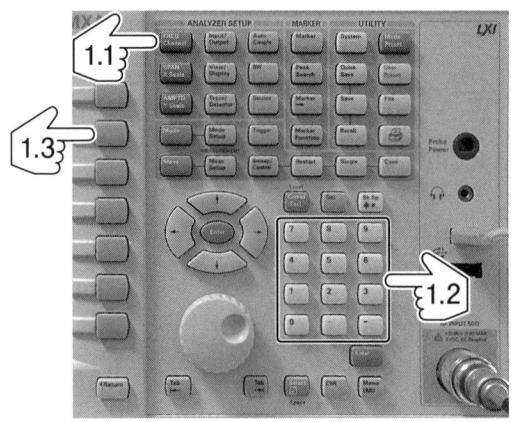

パネル2.2.1　FREQ Channelキー，テン・キー，MHzキーの位置

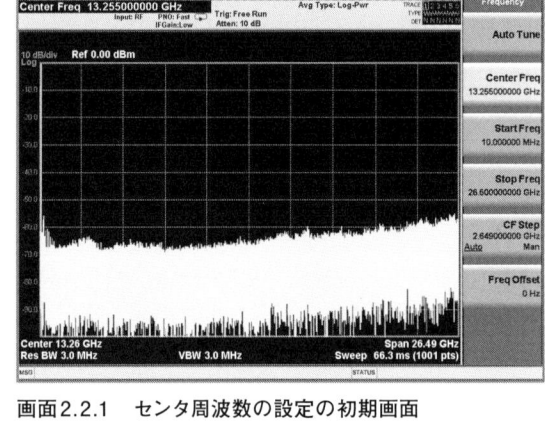

画面2.2.1　センタ周波数の設定の初期画面

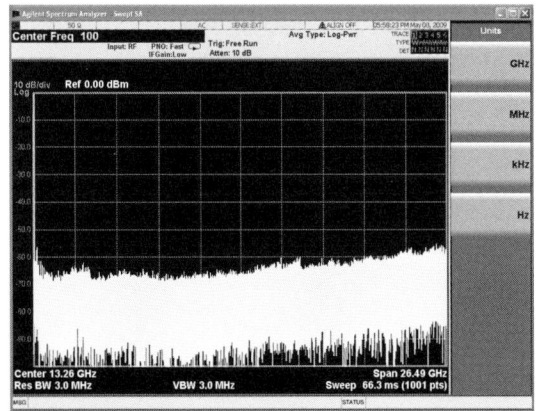

画面2.2.2　センタ周波数の入力

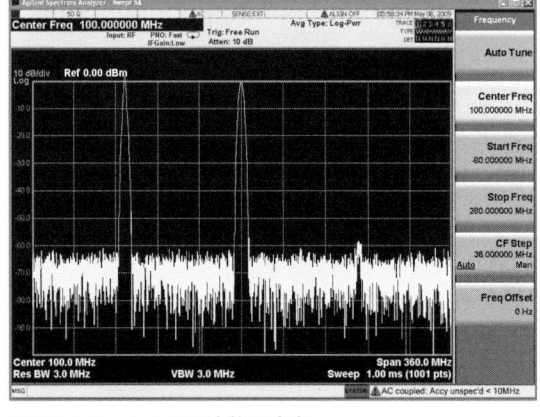

画面2.2.3　センタ周波数の決定

センタ周波数を100.0MHzに設定するにはハード・キー [FREQ Channel]（☞1.1）→ [1][0][0]（☞1.2）→ ソフト・キー [MHz]（☞1.3）と操作します．

スパン周波数の設定

スパン周波数を設定します（**パネル2.2.2**）．
① ハード・キーのスパン・キー [SPAN X Scale]（☞2.1）でスパン周波数設定画面を呼び出す．現在のスパン周波数が表示される（**画面2.2.4**）
② テン・キー（☞2.2）を使って，スパン周波数を打ち込む（**画面2.2.5**）
③ ソフト・キー（☞2.3）で単位を選択し，スパン周波数を決定する（**画面2.2.6**）

スパン周波数を100.0kHzに設定するにはハード・キー [SPAN X Scale]（☞2.1）→ [1][0][0]（☞2.2）→ ソフト・キー [kHz]（☞2.3）と操作します．

周波数の設定方法にはセンタ周波数とスパン周波数を設定する方法のほかに，スタート周波数とス

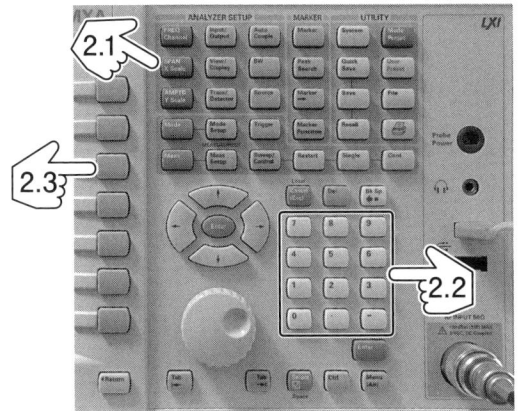

パネル2.2.2　SPAN X Scaleキー，テン・キー，kHzキーの位置

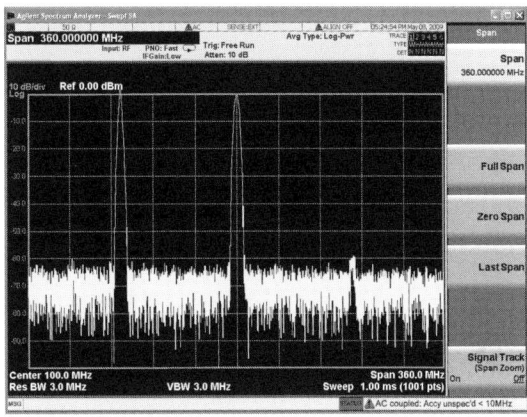

画面2.2.4　スパン周波数の設定の初期画面

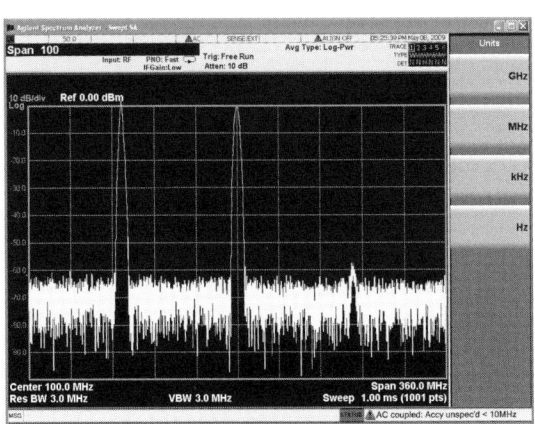

画面2.2.5　スパン周波数の入力

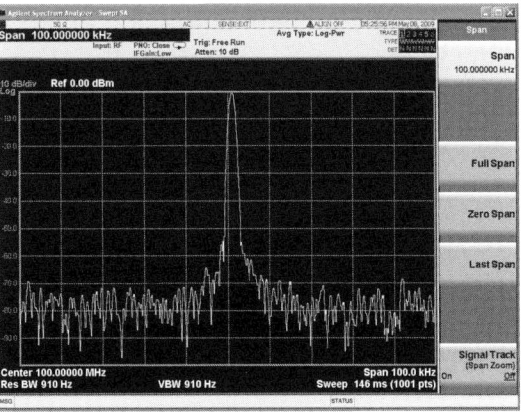

画面2.2.6　スパン周波数の決定

トップ周波数を指定する方法があります．スタート周波数とストップ周波数を設定すると，センタ周波数とスパン周波数は必然的に決定します．

スタート周波数の設定

スタート周波数を設定します（パネル2.2.3）．
① ハード・キーの周波数キー［FREQ Channel］（☝3.1）で周波数設定画面を呼び出す．センタ周波数が選択されている（画面2.2.7）
② ソフト・キーでスタート周波数［Start Freq］（☝3.2）を選択する．現在のスタート周波数が表示される（画面2.2.8）
③ テン・キー（☝3.3）を使って，スタート周波数を打ち込む（画面2.2.9）
④ ソフト・キー（☝3.4）で単位を選択し，スタート周波数を決定する（画面2.2.10）

スタート周波数を0Hzに設定するにはハード・キー［FREQ］（☝3.1）→ ソフト・キー［Start Freq］（☝3.2）→［0］（☝3.3）→ ソフト・キー［Hz］（☝3.4）と操作します．

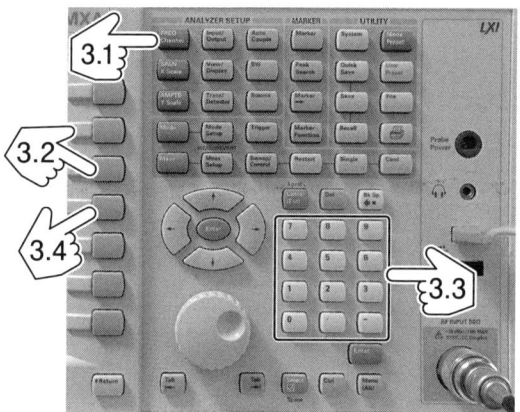

パネル2.2.3
FREQ Channelキー，Start Freqキー，
テン・キー，Hzキーの位置

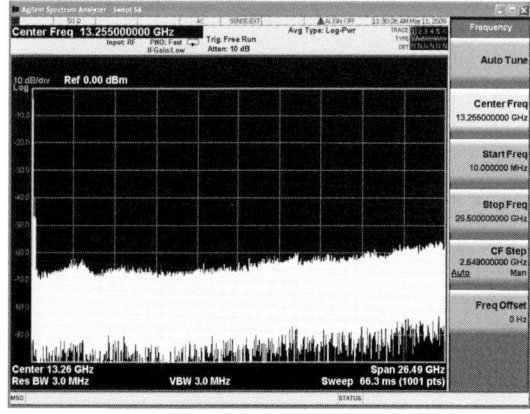

画面2.2.7　スタート周波数の設定の初期画面

画面2.2.8　スタート周波数の選択

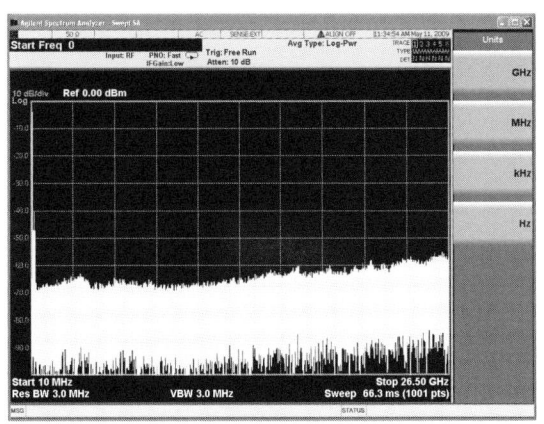

画面2.2.9　スタート周波数の入力

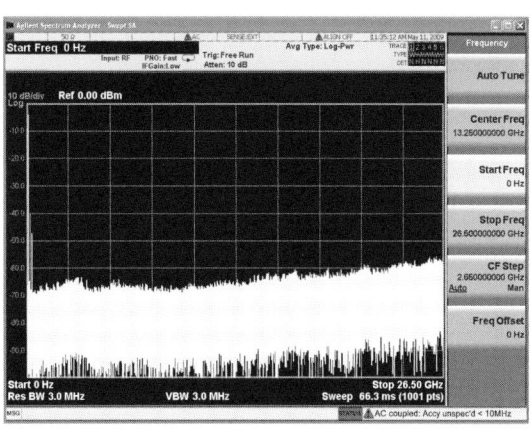

画面2.2.10　スタート周波数の決定

ストップ周波数の設定

　スタート周波数の設定に続いて，ストップ周波数を設定します（**パネル2.2.4**）．
① ソフト・キー（👆4.1）でストップ周波数を選択する．現在のストップ周波数が表示される（**画面2.2.11**）
② テン・キー（👆4.2）を使って，ストップ周波数を打ち込む（**画面2.2.12**）
③ ソフト・キー（👆4.3）で単位を選択し，ストップ周波数を決定する（**画面2.2.13**）

　ストップ周波数を1GHzに設定するにはソフト・キー［Stop Freq］（👆4.1）→［1］（👆4.2）→ソフト・キー［GHz］（👆4.3）と操作します．

　この例の場合ではスタート周波数が0Hz，ストップ周波数が1GHzなので，センタ周波数は500MHz，スパン周波数は1GHzになります．

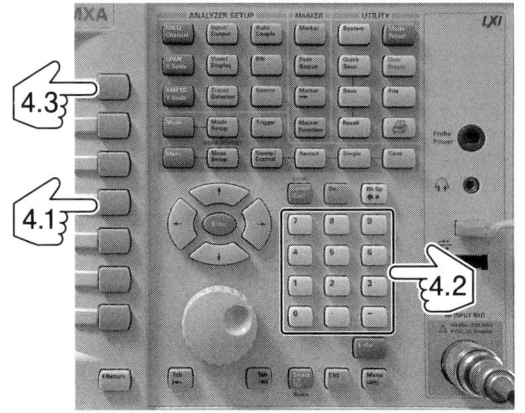

パネル2.2.4　Stop Freqキー，テン・キー，GHzキー

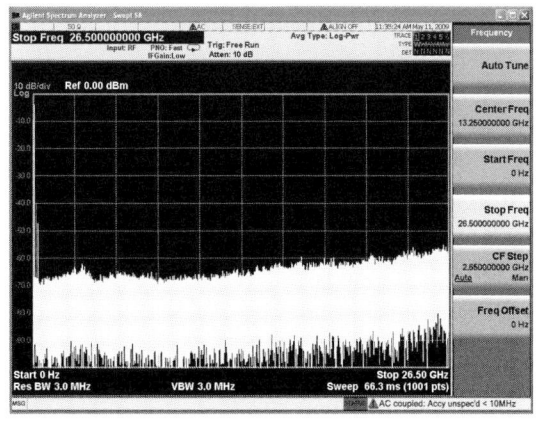

画面2.2.11　ストップ周波数の選択

27

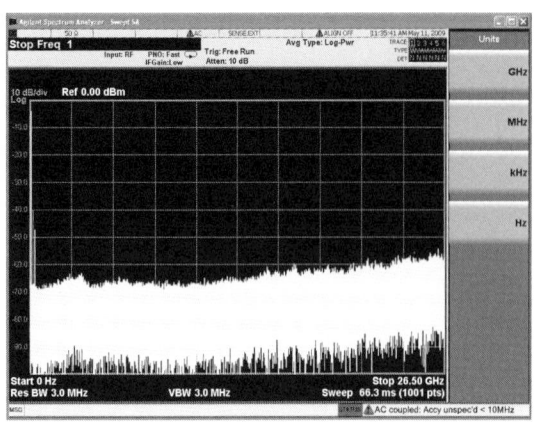
画面2.2.12　ストップ周波数の入力

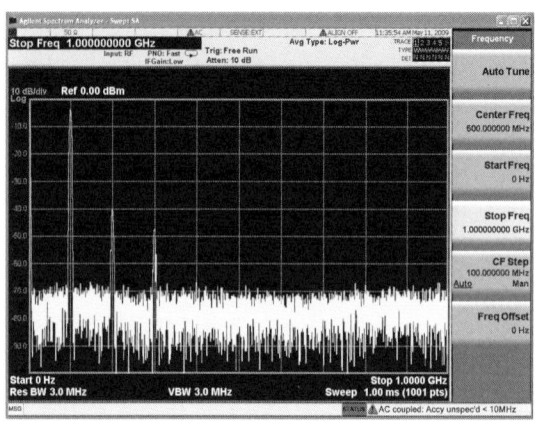
画面2.2.13　ストップ周波数の決定

オート・チューン

　オート・チューン機能が備わっている機種があります（**パネル2.2.5**）．

　オート・チューン機能はいちばん強い信号の周波数をセンタ周波数に設定し，適切なスパン周波数とリファレンス・レベルを設定します（**画面2.2.14**）．

　スペクトラム・アナライザ N9020A（アジレント・テクノロジー社）の場合，ハード・キーの［FREQ Channel］（👆5.1），ソフト・キーの［Auto Tune］（👆5.2）でオート・チューンが実行されます．

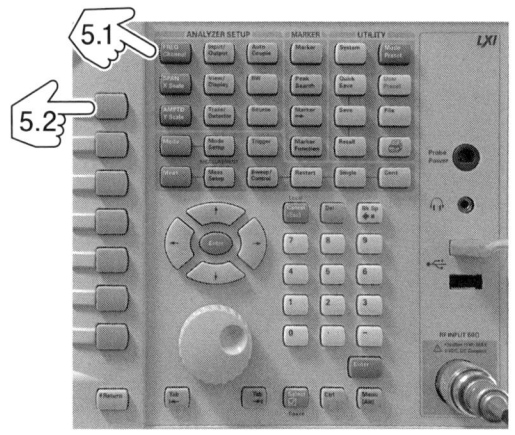
パネル2.2.5　FREQ Channelキー，Auto Tuneキーの位置

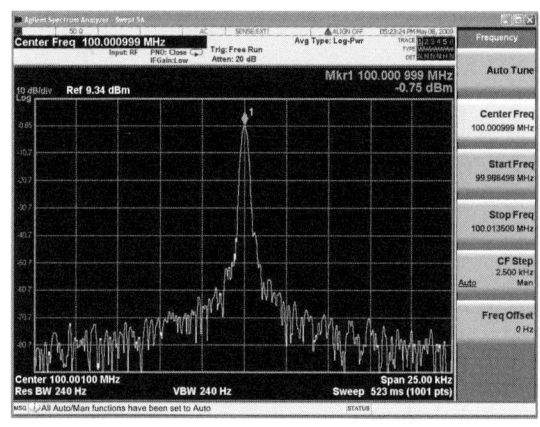
画面2.2.14　オート・チューン機能の設定

2-3 マーカ機能の使い方

マーカ機能

　スペクトラム・アナライザのディスプレイはラインが格子状に表示されていて，格子1目盛りの周波数や振幅が設定されているため，だいたいの信号の周波数や振幅を読み取ることができます．しかし，正確な値を目視で読み取ることは困難です．そのためにスペクトラム・アナライザにはマーカと呼ばれる機能が搭載されています．

　画面2.3.1はスタート周波数0Hz，センタ周波数500MHz，ストップ周波数1GHz，リファレンス・レベル0.00dBm，振幅スケール10dB/Logの画面です．上記設定から，基本波の周波数は100MHz，振幅は−4dBmぐらいと読み取ることができますが，正確な値を知るには目盛りが粗すぎます．

① ハード・キーの[Marker]ボタンを押してマーカ機能をONにする
② ソフト・メニューがマーカ機能に切り替わり，センタ周波数の位置にマーカ・ポイントが表示される（画面2.3.2）
③ ダイヤルを回し，マーカ・ポイントを移動させて目的の信号に合わせる．右上にマーカ・ポイントの周波数と振幅レベルが表示される（画面2.3.3）
　もしくは，
④ ソフト・キーの[Peak Search]ボタンを押すと，スパン内の最大の振幅にマーカ・ポイントが移動する（画面2.3.4）
⑤ Peak Search機能のソフト・キーにある[Next Right]ボタンを押すと，現在のマーカ・ポイントの右側にある次のピークにマーカ・ポイントを移す（画面2.3.5）．[Next Left]だと左側のピークに移る

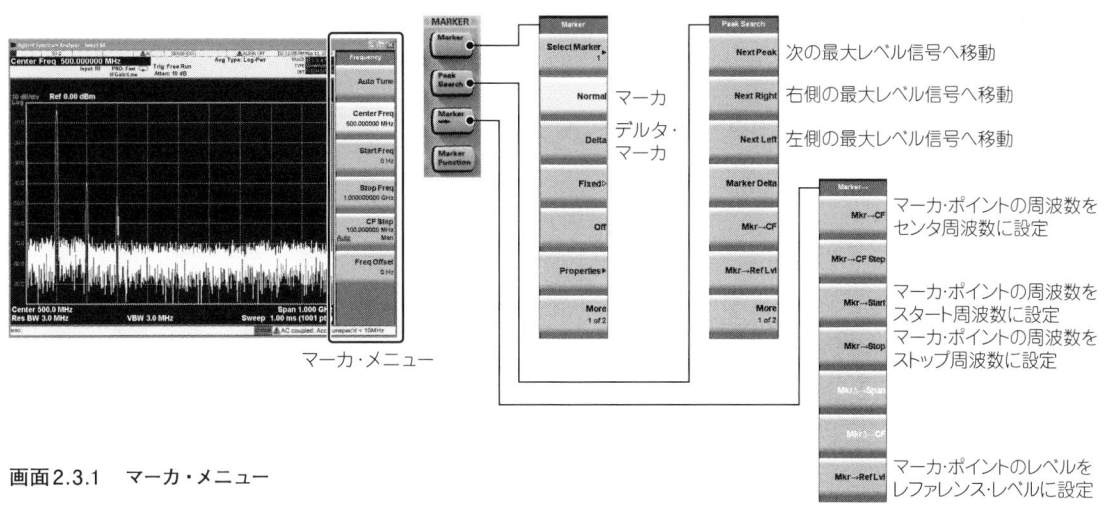

画面2.3.1　マーカ・メニュー

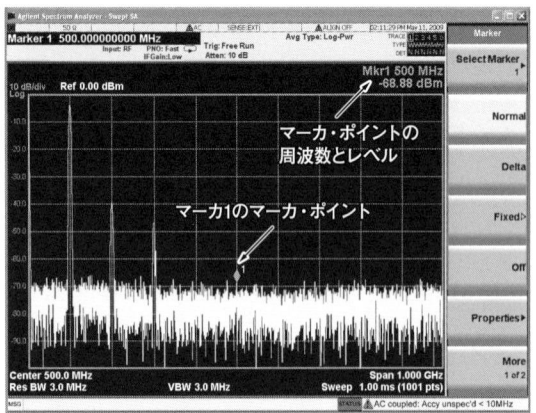
画面2.3.2　マーカON

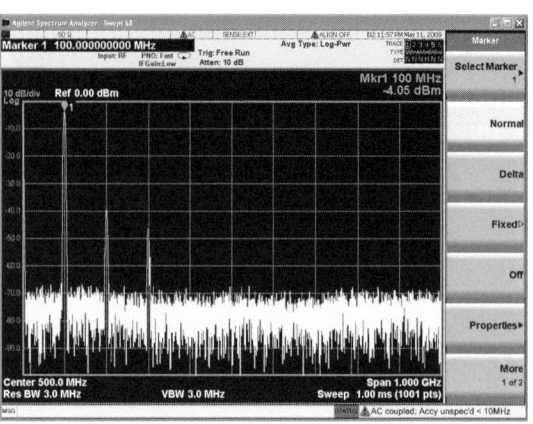
画面2.3.3　目的信号にマーカ・ポイントをセット

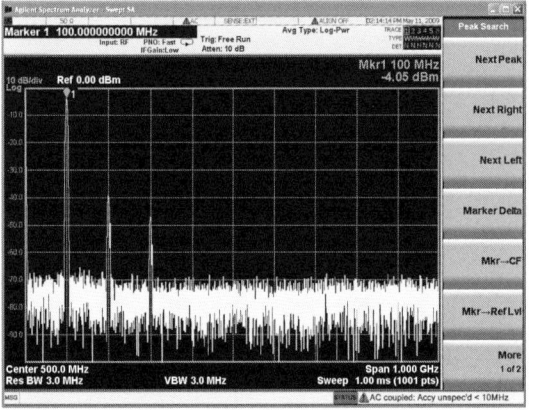
画面2.3.4　ピーク・サーチ

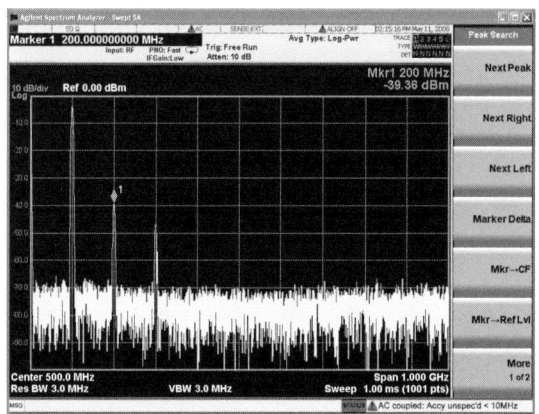
画面2.3.5　Next Peak

デルタ・マーカ

マーカには基本のマーカ機能のほかにいろいろな機能が備わっています．

通常のマーカは信号の絶対値を表示しますが，デルタ・マーカは基準点との相対値を表示します．

① [Marker] ボタンを押しマーカ・ポイントを表示させ，基準となる信号にマーカ・ポイントをセットする（**画面2.3.6**）

② ソフト・メニューの [Delta] を押すと最初のマーカ・ポイントが固定されて，もう一つマーカ・ポイントが表示される．右上の表示は，基準のマーカ・ポイントとデルタ・マーカ・ポイントの差を表示する（**画面2.3.7**）

③ ダイヤルや [Next Right]，[Next Left] を使用して対象の信号にデルタ・マーカ・ポイントを移

第2章　スペクトラム・アナライザの基本操作　●2-3　マーカ機能の使い方

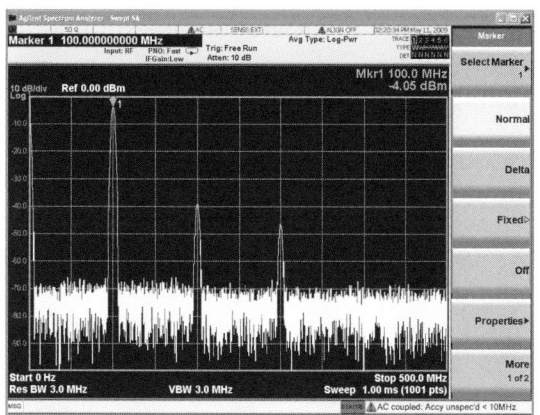

画面2.3.6　マーカ・ポイントのセット

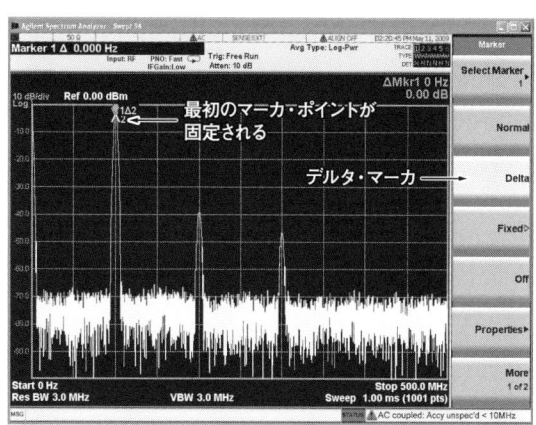

画面2.3.7　最初のマーカ・ポイントの固定と2番目のマーカ・ポイントの設定

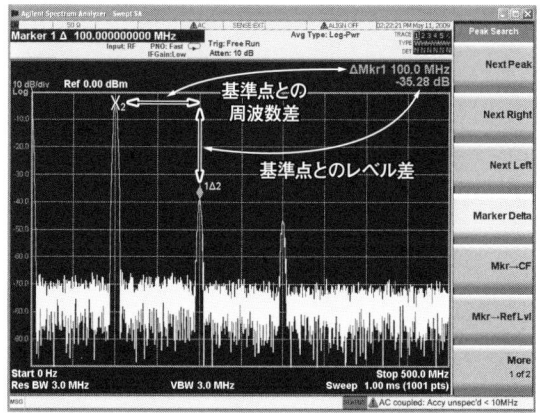

画面2.3.8　デルタ・マーカ・ポイントを移動し，相対値を測定

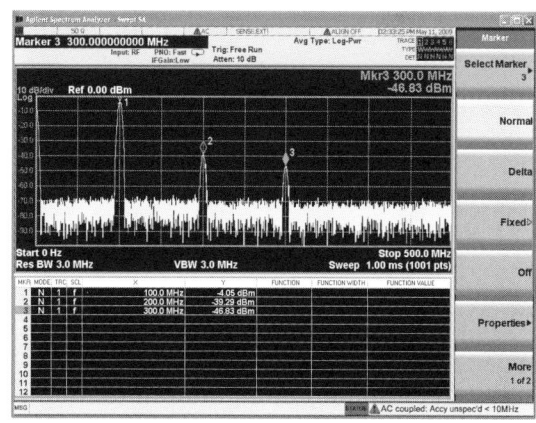

画面2.3.9　複数のマーカ・ポイントの値を表形式で表示

動し，相対値を測定する（**画面2.3.8**）．

そのほか，機種によりさまざまな機能が搭載されています．今回使用した機種では，複数のマーカ・ポイントの値を表形式で表示することもできます（**画面2.3.9**）．

マーカ・ポイントの周波数をセンタ周波数，スタート周波数，ストップ周波数に設定することもできます．

▶ Marker →（ハード・キー）
マーカ地点の周波数やレベルを基準位置に設定します（**画面2.3.10**）．

▶ Mkr → CF（ソフト・キー）
マーカ位置の周波数をセンタ周波数に設定します（**画面2.3.11**）．

▶ Mkr → Start（ソフト・キー）
マーカ位置の周波数をスタート周波数に設定します（**画面2.3.12**）．

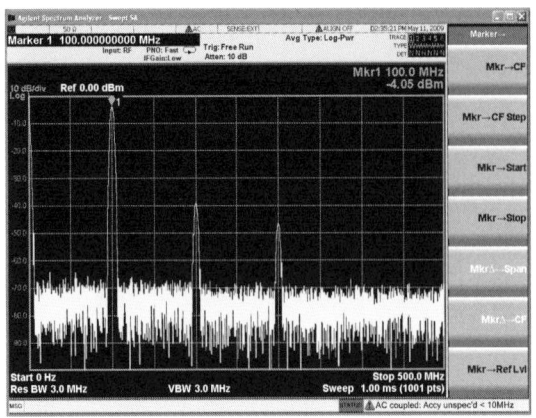

画面2.3.10　マーカ → 初期画面

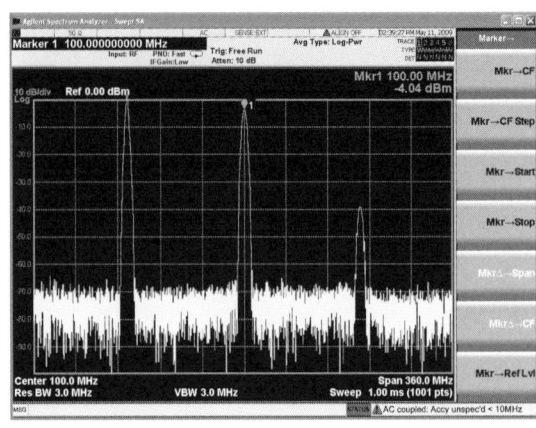

画面2.3.11　マーカ → センタ周波数

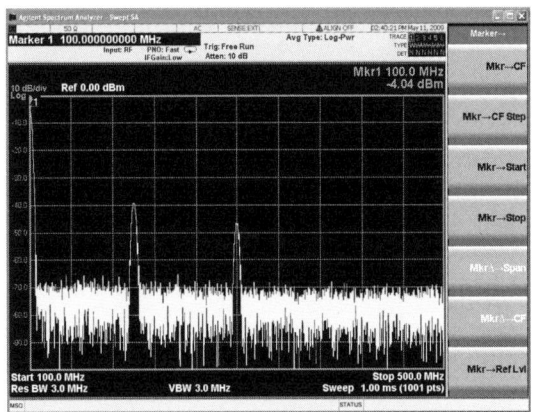

画面2.3.12　マーカ → スタート周波数

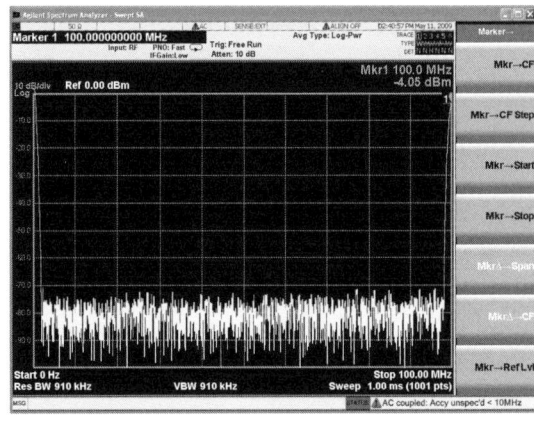

画面2.3.13　マーカ → ストップ周波数

▶ Mkr → Stop（ソフト・キー）

　マーカ位置の周波数をストップ周波数に設定します（**画面2.3.13**）．

▶ Mkr Δ → Span（ソフト・キー）

　スタート周波数とストップ周波数をデルタ・マーカの値に設定します．

▶ Mkr → Ref Lvl（ソフト・キー）

　基準レベルをマーカ位置のレベルに変更します（**画面2.3.14**）．

　上記以外にも機種によりさまざまなマーカ機能が用意されていて，これらを活用することでより速く正確な測定を行うことができます．

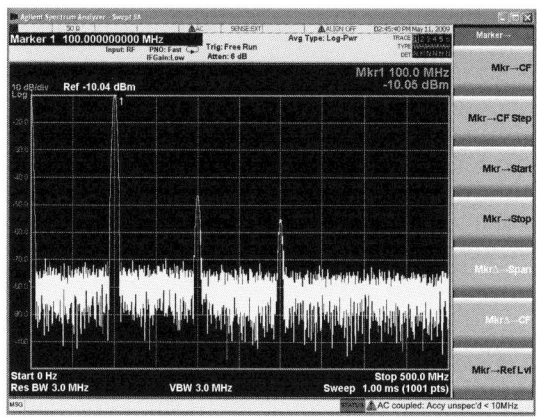

画面2.3.14　マーカ → リファレンス・レベル

2-4　分解能帯域幅（RBW）

分解能帯域幅とは

　周波数が近接した信号を分離して表示するためには，分離できるだけの分解能が必要になります．そのためにはスペクトラム・アナライザに使用しているIFフィルタより3dB帯域幅以上離れている必要があります．

　このIFフィルタの3dB帯域幅を分解能帯域幅（RBW；Resolution Band Width，以下RBWとする）といいます（図2.4.1，図2.4.2）．

　本来スペクトラム（信号）は1本の線で表されます．しかしスーパヘテロダイン方式のスペクトラム・アナライザは掃引しているため，ディスプレイに表示される波形はスペクトラム・アナライザのIFフィルタの通過帯域がトレースされて表示されています．そのためIFフィルタの帯域（分解能帯域幅）を変更すると表示される信号の幅も変化します（図2.4.3）．

　通常IFフィルタ帯域は，3dB帯域幅か6dB帯域幅が仕様に記載されています．そのためIFフィルタの帯域内に複数の信号が存在すると，IFフィルタの減衰量以下のレベルの信号は隠れてしまいディスプレイに現れなくなります．

　実際の表示を見てみます．入力信号は，同じ振幅レベルの周波数99.999MHzと100.001MHzです．
　　RBW　10kHz（画面2.4.1）
　　RBW　3kHz（画面2.4.2）
　　RBW　1kHz（画面2.4.3）
　　RBW　300Hz（画面2.4.4）
　RBWを狭めることにより二つの信号が分離して表示されます．信号の振幅レベルが同じならば周

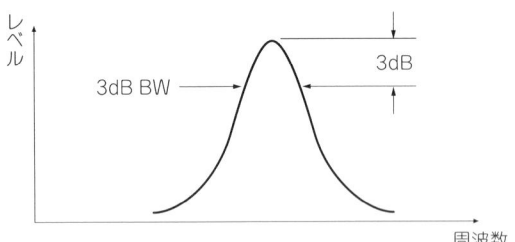

図2.4.1　3dB帯域幅

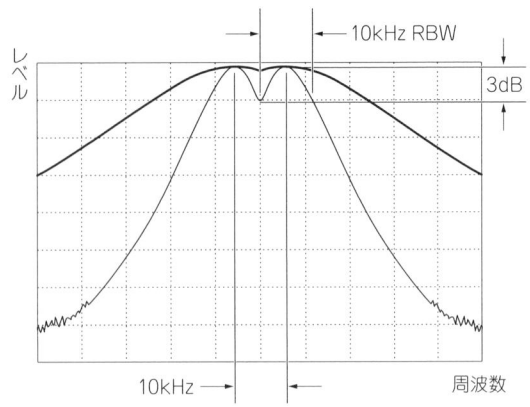

図2.4.2　3dB帯域幅よりも広い感覚の信号は分離できる

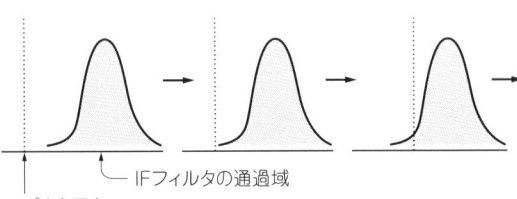

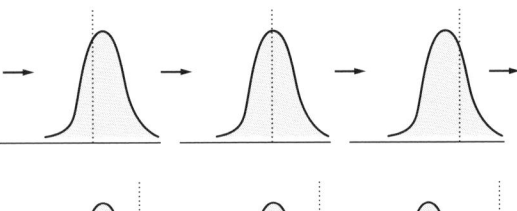

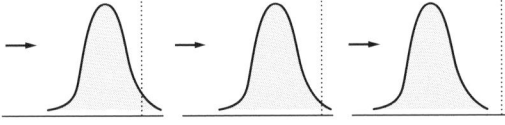

図2.4.3　IFフィルタの通過帯域が表示される

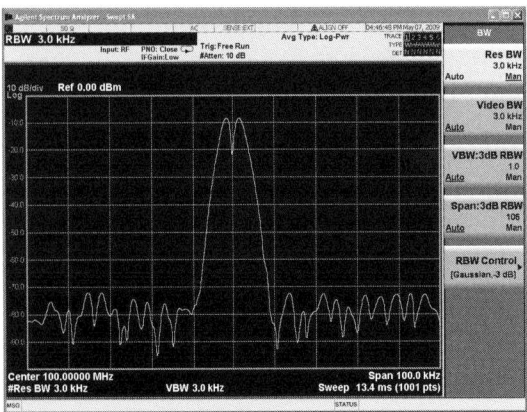

画面2.4.1　RBW 10 kHz

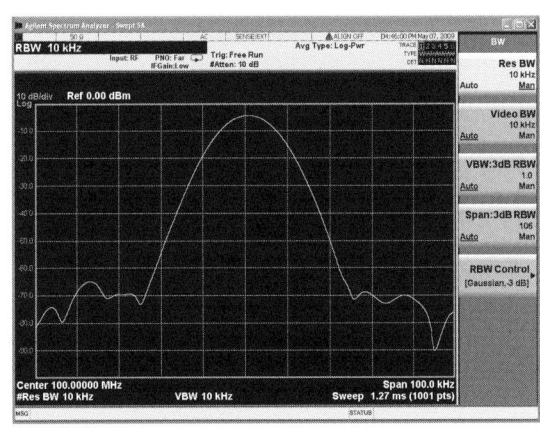

画面2.4.2　RBW 3 kHz

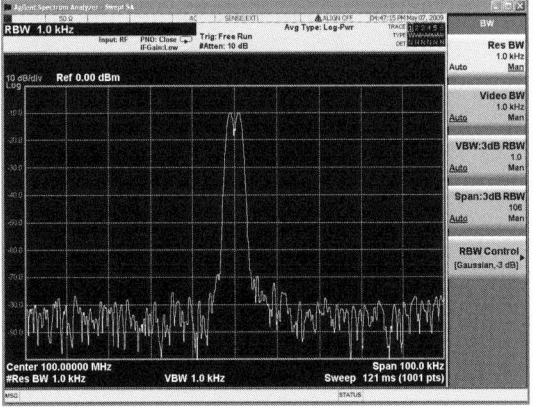

画面2.4.3　RBW 1 kHz

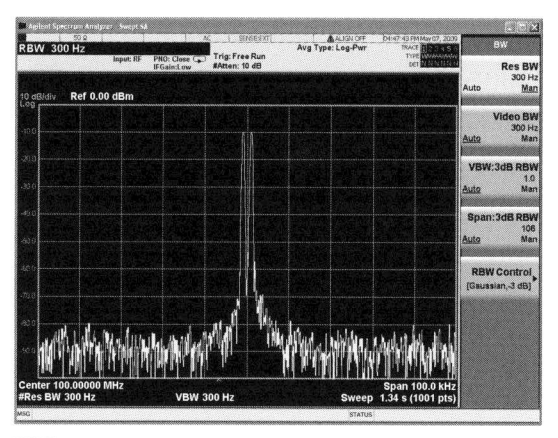

第2章 スペクトラム・アナライザの基本操作 ●2-4 分解能帯域幅(RBW)

画面2.4.4　RBW 300Hz

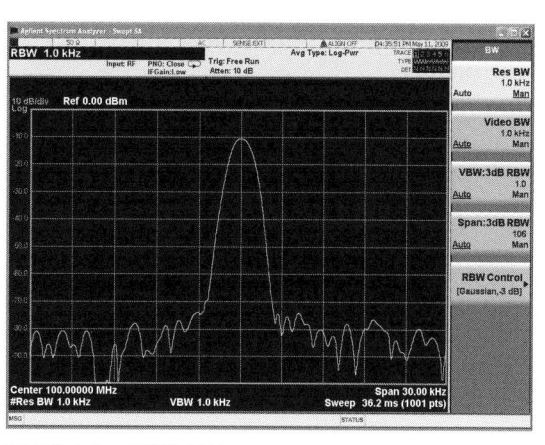

画面2.4.5　RBW 1kHz

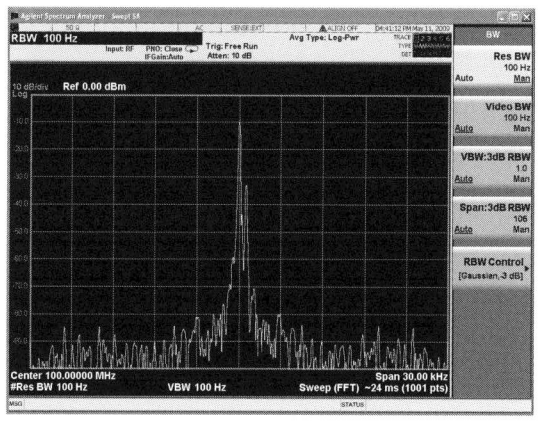

画面2.4.6　RBW 100Hz

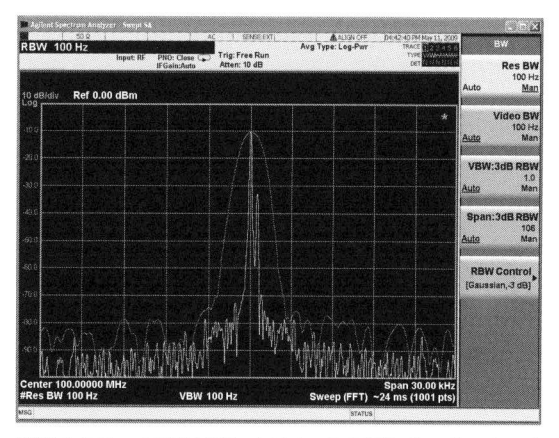

画面2.4.7　RBWが広いとスカートの影に入ってレベルが低い信号が隠れてしまう

波数の差と同じRBWを選択することで信号を分離することができますが，片方の振幅レベルが小さい場合，フィルタのスカートに隠れてしまうことがあります．このような場合はRBWの値を小さくする必要があります．

フィルタのスカート部に信号が隠れてしまう例を示します．

RBWが1kHzだと一つの信号しか表示されていませんが(**画面2.4.5**)，RBWを100Hzまで狭めるとレベルの異なる二つの信号が表示されます(**画面2.4.6**)．このようにフィルタのスカートにレベルの低い信号が隠れてしまいます(**画面2.4.7**)．

35

column　IFフィルタ

　IF（Intermediate Frequency；中間周波数）フィルタは，スーパヘテロダイン方式のスペクトラム・アナライザや受信機のIF段に使用されるバンドパス・フィルタのことを指します．

　スペクトラム・アナライザのRBW，受信機の選択度のほとんどはIFフィルタで決定されます．

　一般のスペクトラム・アナライザは複数回の周波数変換を行うため，複数のIF周波数をもち，おのおののIFにフィルタを挿入します．最後のIF段（通常はいちばん低いIF周波数）に帯域可変フィルタを使用することで，RBWを可変するようになっています．

　以前は広い帯域でLCフィルタ，狭帯域でクリスタル・フィルタが使用されてきましたが，最近ではディジタル・フィルタが使用されることも多くなりました．

　IFフィルタの特性を示すものとして3dB帯域幅，60dB帯域幅，シェイプ・ファクタ（選択度）があります（図2.4.A）．

　帯域内のもっとも損失が少ない値を0dBとします．挿入損失が−3dBの2点の周波数間隔が3dB帯域幅，同様に−60dB下がった2点の周波数間隔を60dB帯域幅と呼びます．

　3dB BW（Band Width；帯域幅）と60dB BWの比をシェイプ・ファクタや選択度と呼び，フィルタの急峻さを表します．

$$\text{シェイプ・ファクタ} = \frac{60\text{dB BW}}{3\text{dB BW}}$$

　シェイク・ファクタはできるだけシェイプ・ファクタが1：1に近い，長方形の形をしたスカート特性が望まれます．しかし，シェイプ・ファクタが1：1に近いほど掃引時間が長くなるために，応答時間と周波数分解能とのトレード・オフになります．

　スペクトラム・アナライザに使用されているフィルタのシェイプ・ファクタは，アナログ・フィルタの場合11：1〜15：1でディジタル・フィルタでは5：1です．

　また，ディジタル・フィルタは，アナログ・フィルタと比べると応答速度が速くなるため測定時間が短縮できます．

　シェイプ・ファクタが1：1に近づくと，今まではフィルタのスカートにマスクされていた信号まで測定できることになります．すなわち選択度が上がります．

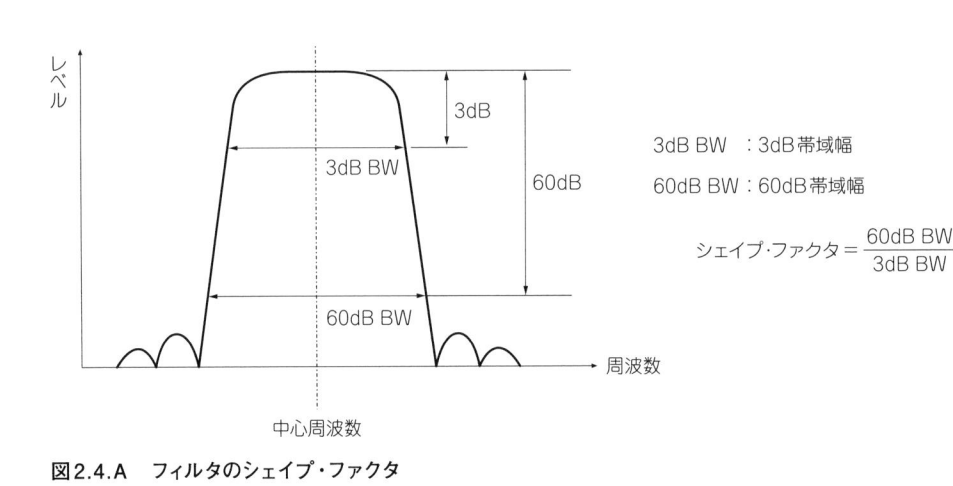

図2.4.A　フィルタのシェイプ・ファクタ

column 掃引とFFT

スペクトラム・アナライザの種類には，スーパヘテロダイン方式（掃引型）とFFT方式があります．

FFT方式はA-Dコンバータでディジタル化された信号を高速フーリエ変換（FFT；Fast Fourier Transform）を行い周波数ドメインに変換して表示するため，リアルタイム性があり高速表示が可能です．反面，高い周波数への対応が難しく，ダイナミック・レンジも広く取れないため，主に低周波用として使われています．

スーパヘテロダイン方式のスペクトラム・アナライザは，広い周波数範囲とダイナミック・レンジを実現できるため，高周波用のスペクトラム・アナライザのほとんどの機種が採用しています．しかし，RBWを狭くすると掃引速度を遅くする必要があり，測定に時間がかかってしまいます．

スーパヘテロダイン方式のこの欠点を解決するために，IF（中間周波数）以降の信号をディジタル化してFFT処理を行うスペクトラム・アナライザが登場しました．

今回サンプル機として使用したMXAシグナル・アナライザN9020A（アジレント・テクノロジー社）もIF以降がディジタル化されていて短い測定時間を実現しています．

画面2.4.Aと画面2.4.Bは掃引式とFFT式を切り替えたものです．掃引式は掃引時間が12.1sかかっていますが，FFTに切り替えると36msしかかかっていないことが分かります．

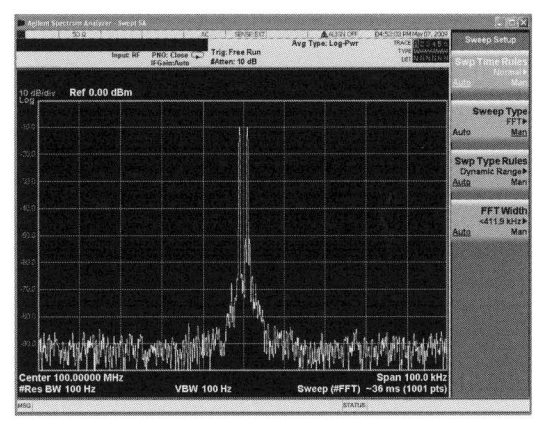

画面2.4.A 掃引式で測定した例（掃引時間；12.1s）

画面2.4.B FFT式で測定した例（掃引時間；36ms）

応答時間の変化

フィルタの帯域が狭くなると応答時間が長くなります．

画面2.4.1〜画面2.4.4の右下に表示されている掃引時間（Sweep）を見ると，分解能帯域幅RBWが10kHzのときの1.27msが300Hzでは1.34secと1000倍以上時間がかかっていることが分かります．

スパン周波数に対してあまりに狭いRBWを設定すると，掃引時間が短すぎるためにフィルタで遅延が発生し，振幅レベルは低く，周波数は高く表示されます．

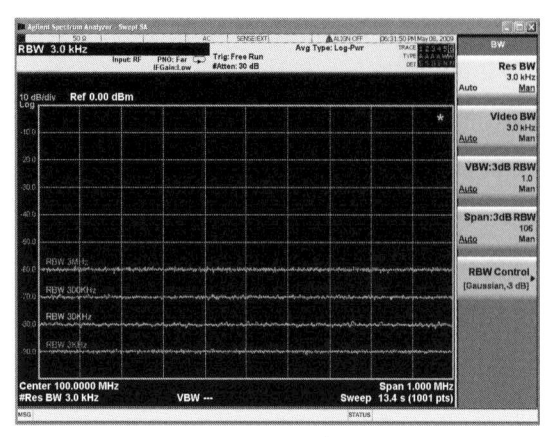

画面2.4.8 RBWとフロア・ノイズの関係

　スペクトラム・アナライザはスパン周波数を設定すると最高許容掃引時間を自動的に選択しますが，手動で設定した場合「UNCAL」のメッセージが表示されます．

　また，RBWを切り替えると，フロア・ノイズのレベルが変わります．スペクトラム・アナライザの内部で発生するノイズはランダムで広い周波数範囲でフラットです．そのため検波回路で検波されるノイズ量はIFフィルタ（RBW）の帯域で変化します．

　表示ノイズ・レベルとRBWとは10の対数の関係になります．すなわち，RBWが10倍になれば表示ノイズ・レベルは10dB増え，RBWが1/10になれば10dB下がります．

　ノイズ・レベルとRBWの関係は以下の式で表されます．

$$\text{ノイズ・レベル変化 (dB)} = 10 \log \frac{\text{RBW 新}}{\text{RBW 旧}}$$

　画面2.4.8は，RBWを3MHz-300kHz-30kHz-3kHzと変化させたときのフロア・ノイズのレベルです．このようにRBWを狭くするほど低レベルの信号を測定することができますが，測定に時間がかかるようになります．

　スペクトラム・アナライザを使用するにはRBWは重要な機能です．速く正確な測定を行うために，正しくRBWを設定することが必要です．

2-5 ビデオ帯域幅（VBW）

　ビデオ帯域幅（VBW；Video Band Width，以下VBWとする）は，検波器と表示器の間に入っているローパス・フィルタです．このフィルタによりビデオ信号の帯域幅が決まります．

　VBWの帯域を制限することでノイズのp-p（peak-to-peak）変動を抑えることができ，結果的に表示がスムージングされ，ノイズに隠されてしまう信号を検出することができるようになります．

　画面2.5.1と**画面2.5.2**はVBWを3MHzと100kHzで比較したものです．VBWの帯域幅を狭める

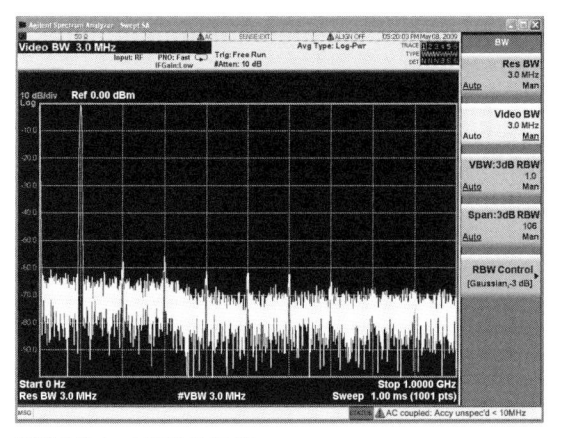

画面2.5.1　VBW 3.0MHz

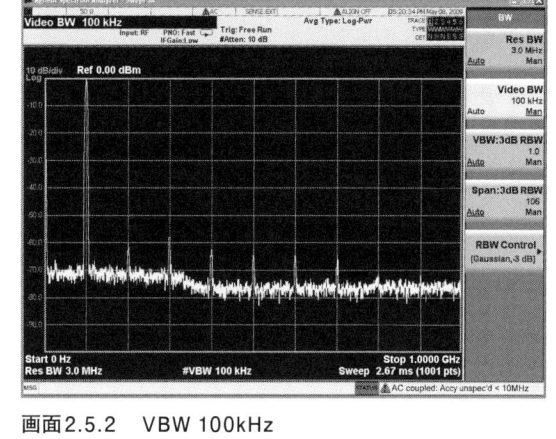

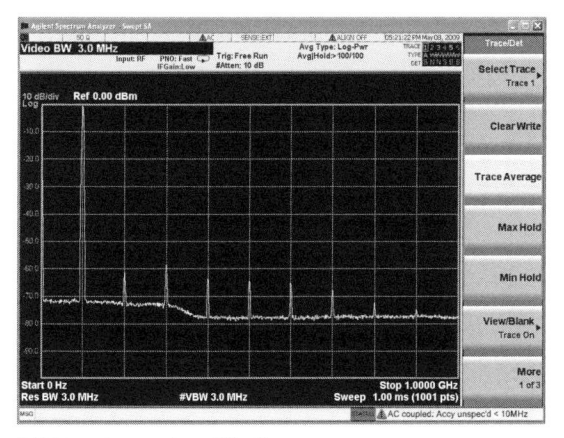

画面2.5.2　VBW 100kHz

画面2.5.3　アベレージング

ことで読み取りにくかった波形がはっきりと表示されています．

　機種によっては，表示のアベレージング機能が備わっています．**画面2.5.3**は，VBWが3MHzで1001回のアベレージングを行っています．

　この機能を使用することで，信号の振幅レベルを平均化して表示することが可能です．ただし，平均化するには複数回掃引を行う必要があるため，掃引速度によっては表示されるまでかなり時間がかかることがあります．

第3章
スペクトラム・アナライザを使った各種測定事例

ここではスペクトラム・アナライザを使用した基本的な測定方法を説明します．
まず測定前の注意点について説明します．

入力信号レベルの範囲

入力する信号レベルの範囲は機種により異なりますが，通常最低レベルが－140dBm～－100dBm，最大レベルが定格上の最大入力可能電力になっています．

入力信号のレベルに合わせて，リファレンス・レベルと入力アッテネータの設定を行うことで，最大のダイナミック・レンジを得ることができます．

適切に設定されていない場合には，レベルの低い信号は観測できなくなり，レベルの高い信号ではスペクトラム・アナライザの利得が圧縮され，内部で高周波ひずみを生じ測定値に誤差が発生します．

超えてはならない最大入力電力／最大入力電圧の警告

スペクトラム・アナライザのRF入力コネクタの横には，かならず最大入力電力と最大入力電圧が書かれています（**写真3.1**）．この値は一瞬でも超えてはいけません．内部のアッテネータやミキサに重大な損傷を与えることがあります．

またスペクトラム・アナライザの入力アッテネータの設定がスルー（0dB）の状態で，最大入力電力に近い信号を入力すると，入力ミキサを損傷する場合があります．このレベルの信号を入力する場合にはかならず入力アッテネータを設定してください．

被測定機器の発生する信号の電力がスペクトラム・アナライザの耐入力以下でも，実験中や調整中では異常発振などの影響で多大な電力が発生する場合もあるので，測定中は外部にアッテネータやカプラなどを常に使用して計測することを心がけてください（後述する低レベルの信号測定以外）．

写真3.1
スペクトラム・アナライザのRF入力コネクタ部に
書かれている最大入力電力と最大入力電圧

3-1 単一信号の測定

　周波数が分かっている単一信号の測定手順を説明します．単一信号の測定は，スペクトラム・アナライザを使用したもっとも基本的な測定です．基本操作はシグナル（スペクトラム）アナライザN9020Aを使って説明します．

被測定機器とスペクトラム・アナライザの接続

　被測定機器とスペクトラム・アナライザは図3.1.1のように接続します．機器の接続は，スペクトラム・アナライザの入力と同じインピーダンスのできるだけ短い同軸ケーブルを使って接続します．

　被測定信号の電力がスペクトラム・アナライザの耐入力電力以下の場合には外部のアッテネータは必要ありませんが，スペクトラム・アナライザを保護するためと被測定物と信号源のインピーダンス・マッチング精度の向上のためにも，アッテネータは接続することを推奨します．

　また被測定物のインピーダンスが測定機器のインピーダンスと異なる場合には，減衰量3dB～6dBのアッテネータ（整合PAD）を挿入します．

単一信号の測定手順

　ここでは周波数100MHzの信号を測定します（**パネル3.1.1**）．

① Mode Presetキー（イニシャル・キー）(☝1.1) を押し，設定を初期値に戻す（**画面3.1.1**）
② センタ周波数を100MHzに設定する（**画面3.1.2**）
　ハード・キー[FREQ Channel](☝1.2) → ソフト・キー[Center Freq](☝1.3)を選択し，テン・キーで周波数を入力後(☝1.4)[1][0][0]，ソフト・キーで単位[MHz](☝1.3)を指定してセンタ周波数を設定する
③ スパン周波数を10MHzに設定する（**画面3.1.3**）．ハード・キー[SPAN X Scale](☝1.5) → ソフト・キー[Span](☝1.6)を選択し，テン・キーで周波数を入力後(☝1.4)[1][0]，ソフト・キーで単位[MHz](☝1.3)を指定してスパン周波数を設定する
④ ディスプレイの目盛りから信号のレベルを読み取る．リファレンス・レベルが0dBmで縦軸1目盛りが-10dBなので約-30dBmと読み取ることができる（**画面3.1.4**）
⑤ マーカ機能を使って正確な信号レベルを読み取る（**画面3.1.5**）．ハード・キーの[Marker](☝1.7)を選択するだけで表示される
⑥ 信号の正確な周波数を調べる際にはカウンタ機能を使用する．ハード・キーの[Marker](☝1.7) → ソフト・キーの[More 1 of 2](☝1.8) → [Marker Count](☝1.3) → [Counter]を[On]．画面右上に周波数が表示される（**画面3.1.6**）

第3章 スペクトラム・アナライザを使った各種測定事例 ● 3-1 単一信号の測定

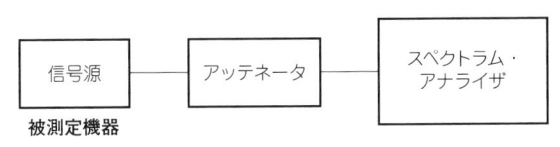

図3.1.1 スペクトラム・アナライザと被測定機器との接続

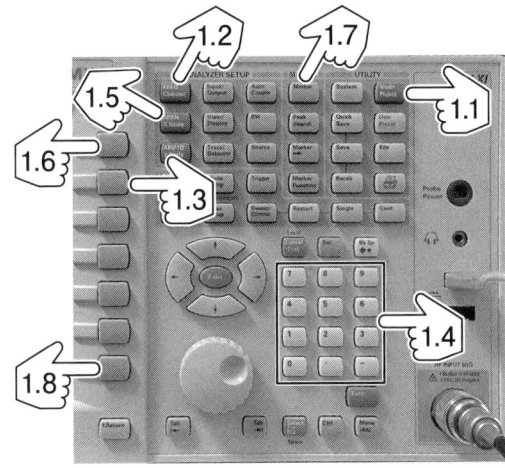

パネル3.1.1
ハード・キーMode Preset，FREQ Channel，テン・キー，
SPAN X Scale，Markerとソフト・キーの位置（N9020A）

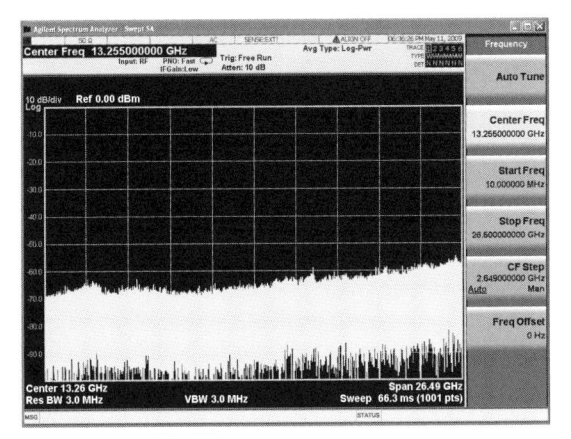

画面3.1.1 初期画面

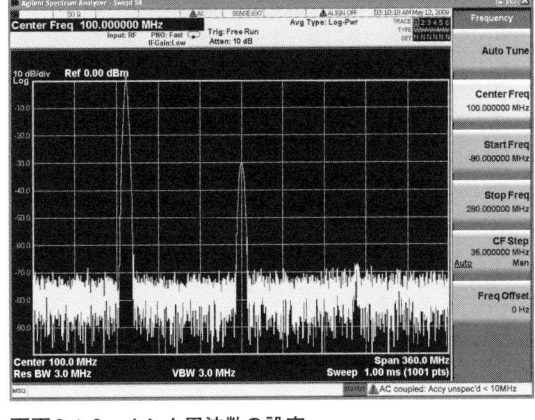

画面3.1.2 センタ周波数の設定

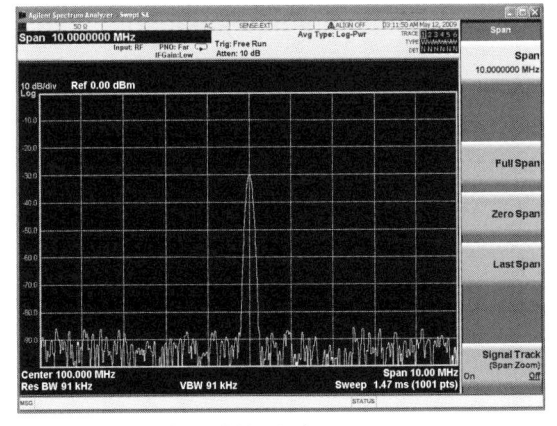

画面3.1.3 スパン周波数の設定

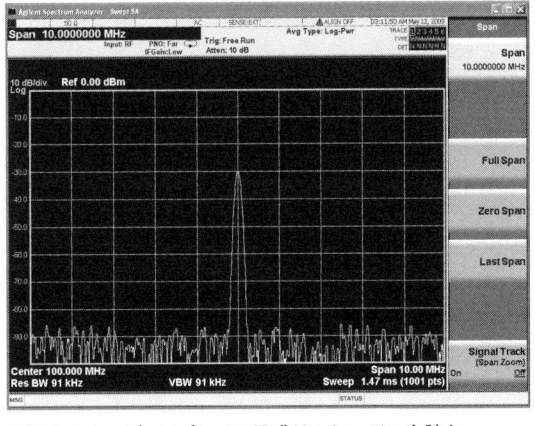

画面3.1.4 ディスプレイの目盛りからレベルを読む

43

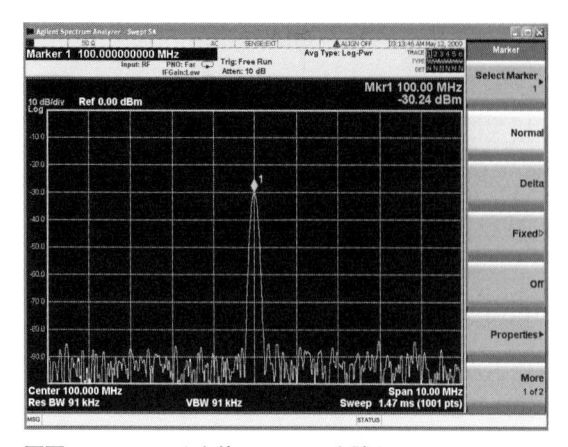

画面3.1.5 マーカを使ってレベルを読む

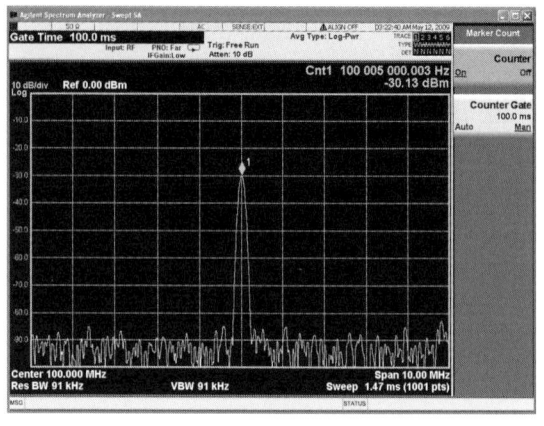

画面3.1.6 周波数カウンタ機能を使って周波数を測定する

column 電圧定在波比VSWRと整合PAD

VSWR（Voltage Standing Wave Ratio；電圧定在波比）は，交流の伝送線路における進行波と反射波の関係を示す数値です．

信号の出力側と受け側のインピーダンスが不整合の場合，損失分の電圧が反射して出力側に戻り悪影響を及ぼすことがあります（図3.1.A）．

元の信号を進行波，戻ってくる信号を反射波と呼びます．進行波と反射波の位相が合うと電圧は上昇し，異なると下降します．

進行波と反射波の干渉でできた電圧の凸凹の比率をVSWRと呼び，進行波と反射波の比をデジベルで表したものをリターン・ロスと呼びます．

インピーダンスの整合が完全な場合には，反射波が発生しないため干渉は起きずVSWRは1に，不整合が発生し全信号が反射されるとVSWRは無限大となります．

VSWRは悪くても3以下に抑えるようにするべきです．VSWRが3のときには送った電力の1/4が反射波となります．

VSWRは，式（3.A）で求めることができます．

$$VSWR = \frac{\sqrt{V_f} + \sqrt{V_r}}{\sqrt{V_f} - \sqrt{V_r}} = \frac{\sqrt{P_f} + \sqrt{P_r}}{\sqrt{P_f} - \sqrt{P_r}} \quad (3.A)$$

V_f：電圧進行波，V_r：電圧反射波
P_f：電力進行波，P_r：電力反射波

インピーダンスの整合が取れない場合（VSWRの値が悪い）には整合PAD（アッテネータ）を挿入します．

では，なぜアッテネータを挿入すると整合が取れるのでしょうか．

図3.1.A 信号源と次段機器間の進行波，反射波の関係

$$VSWR = \frac{\sqrt{100} + \sqrt{0}}{\sqrt{100} - \sqrt{0}} = 1$$

インピーダンスが整合している場合には，反射波は0なので，VSWRは1となり電力はロスなく伝達される．

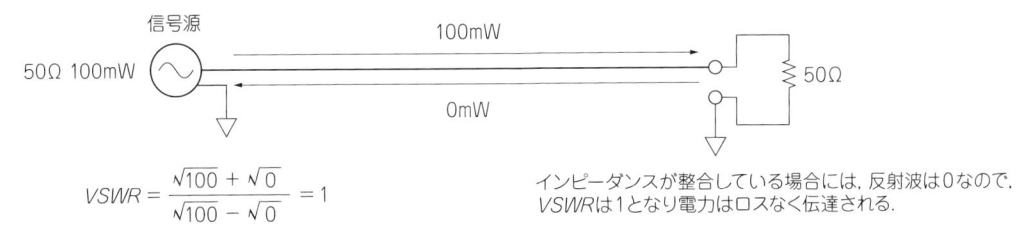

図3.1.B　電力100mWの信号を終端が50Ωで終端された状態

$$VSWR = \frac{\sqrt{100} + \sqrt{100}}{\sqrt{100} - \sqrt{100}} = \infty$$

終端がオープンもしくはショートしている場合には，100%反射波で帰ってくるので，VSWRは無限大となり電力はすべてロスになる．

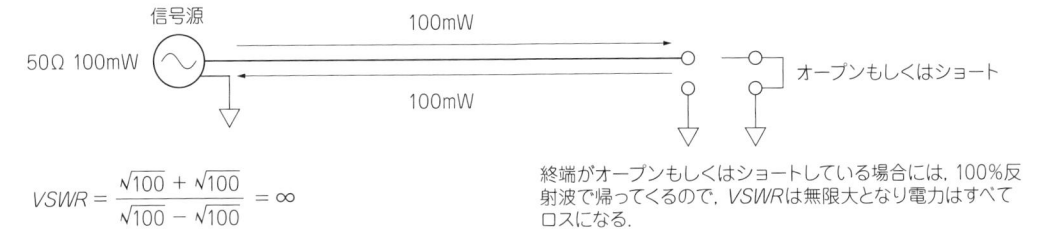

図3.1.C　終端がオープンもしくはショートした状態

$$VSWR = \frac{\sqrt{100} + \sqrt{25}}{\sqrt{100} - \sqrt{25}} = \frac{15}{5} = 3$$

終端がオープンもしくはショートしていたとしても，インピーダンスが50Ω，減衰量3dBの整合PAD(アッテネータ)を挿入すると，信号源から見たVSWRは3になる．

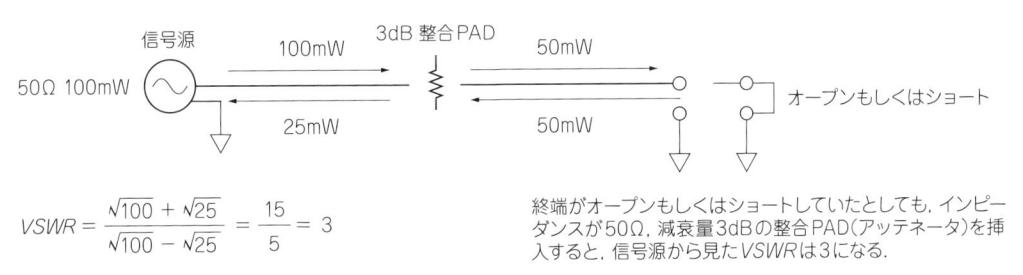

図3.1.D　終端がオープンもしくはショートした状態に3dBの整合PADを入れた状態

電力100mWの信号を終端抵抗50Ωで終端された(インピーダンスのマッチングが取れている)状態では，電力はロスなく伝達され反射波は0です(図3.1.B)．

ここでは同軸ケーブルのロスはないものとして考えます．

終端がオープン，もしくはショートした状態では全電力の100mWが反射波として戻ってくるためにVSWRは無限大になります(図3.1.C)．

次に終端がオープン，もしくはショートした状態に3dBの整合PADを入れた場合を考えます(図3.1.D)．

100mWの信号は整合PADで3dB減衰するため，ケーブル終端では半分の50mWになります．全電力が反射されるため反射波も50mWになりますが，反射波が信号源に戻るまでにまた3dB減衰するため，信号源での反射波は25mWになり，結果VSWRは3になります．

同軸ケーブルに単発パルス波を加えたときの進行波と反射波を実際に測定したようすを次に示します．

同軸ケーブルを50Ωで終端した場合には，進

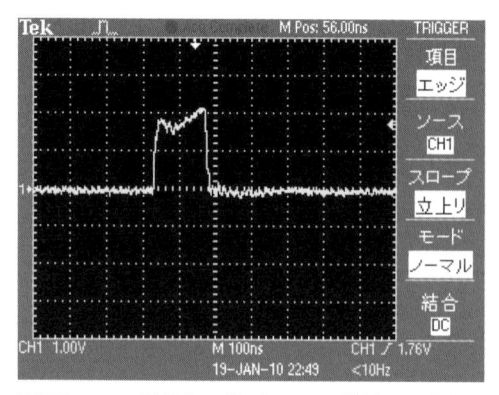

画面3.1.A　同軸ケーブルを50Ωで終端した場合には進行波だけで反射波は発生しない

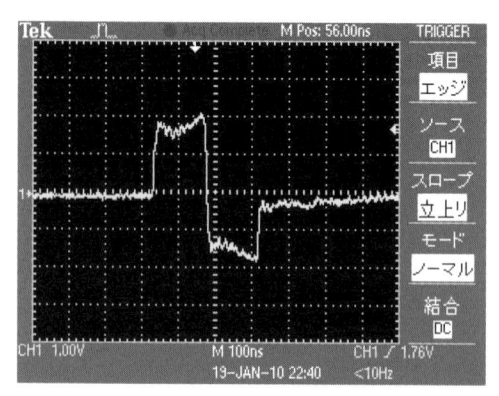

画面3.1.B　同軸ケーブルの先をショートさせた場合は反射波が発生する

行波だけで反射波は発生しません（画面3.1.A）．
　同軸ケーブルの先をショートさせた場合は，反射波が発生します（画面3.1.B）．
　同軸ケーブルの先に6dBの整合PADを挿入し，その先をショートさせた場合，反射波のレベルが低くなっています（画面3.1.C）．
　このように，整合PADを効果的に使うことでインピーダンスの整合をよくすることができ，測定精度を向上させることができます．

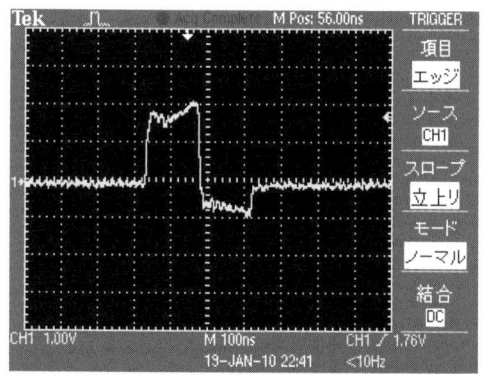

画面3.1.C　同軸ケーブルの先に6dBの整合PADを挿入し，その先をショートさせた場合

3-2　低い振幅レベルの単一信号の測定

　ここでは低い振幅レベルの信号を測定する方法を解説します．
　スペクトラム・アナライザは，内部ノイズ以下の信号は測定できません．レベルの低い信号を測定するためには信号レベルを上げるか，ノイズ・フロア（測定可能ないちばん小さい信号）を下げる必要があります．
　スペクトラム・アナライザを最大の感度で使用する場合は，内蔵アッテネータの減衰量を0にし，もっとも狭いRBW/VBWを選択します．プリアンプがある場合には，プリアンプをONにします．ただし最高感度が最高性能ではないことを理解しておいてください．

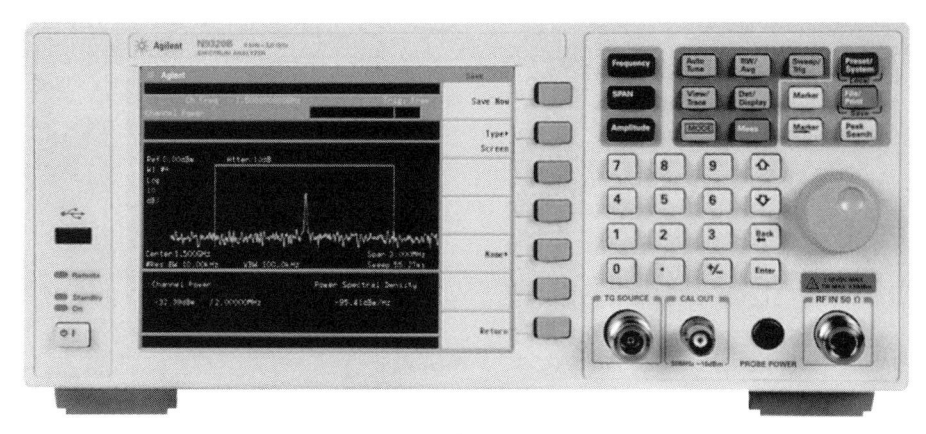

写真3.2.1　スペクトラム・アナライザN9320B（アジレント・テクノロジー社）

図3.2.1
被測定機器とスペクトラム・アナライザの接続

　RBWを狭くすることで測定時間がかかりますし，アッテネータを使わないことでインピーダンスの整合が取れず，測定確度が落ちることがあります．
　ここでは，プリアンプが内蔵されているスペクトラム・アナライザN9320Bを使用します（**写真3.2.1**）．N9320Bでは，ソフト・メニューのキャプチャ画面が取れないため，画面では省略しています．

被測定機器とスペクトラム・アナライザの接続

　被測定機器とスペクトラム・アナライザは**図3.2.1**のように接続します．低レベル信号の場合は，外部アッテネータを使いません．
　信号レベルが低いので被測定機器とスペクトラム・アナライザを接続するケーブルやコネクタで損失が発生しないように良質のものを最短で接続します．
　ここでは周波数100MHz，振幅レベル－70dBmの信号を測定します．

低い振幅レベルの単一信号の測定手順

　スペクトラム・アナライザを使って低レベルの信号を測定する手順を説明します（**パネル3.2.1**）．
① 初期値の状態に戻す（**画面3.2.1**）
　　ハード・キー［Preset/System］（☝1.1）→ ソフト・キー［Preset］（☝1.2）
② センタ周波数を100MHzに設定（**画面3.2.2**）

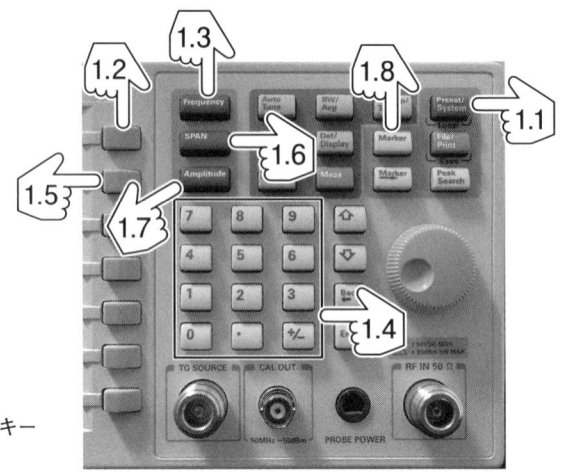

パネル3.2.1
Preset/System, Frequency, テン・キー,
SPAN, Amplitude, Marker の位置とソフト・キー
(N9320A)

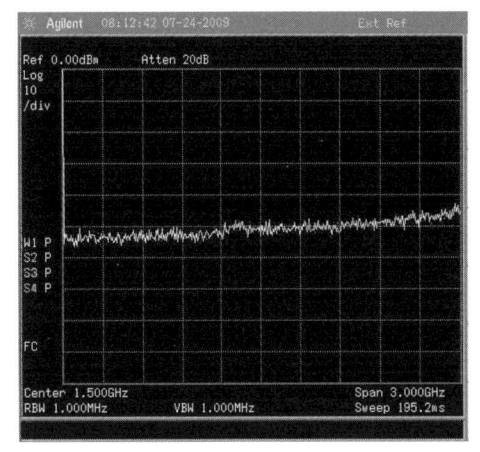

画面3.2.1　初期画面

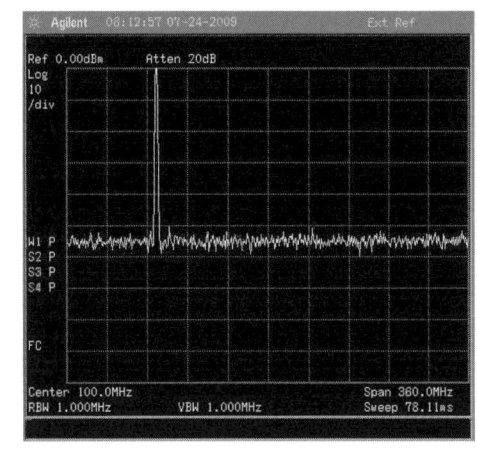

画面3.2.2　センタ周波数を100MHzに設定

　　ハード・キー[Frequency]（👆1.3）→ ソフト・キー[Center Freq]（👆1.2）→ テン・キー[1][0][0]（👆1.4）→ ソフト・キー[MHz]（👆1.5）
③スパン周波数を2MHzに設定（**画面3.2.3**）
　　ハード・キー[SPAN]（👆1.6）→ ソフト・キー[SPAN]（👆1.2）→ テン・キー[2]（👆1.4）→ ソフト・キー[MHz]（👆1.5）
④リファレンス・レベルを-40dBmに設定（**画面3.2.4**）
　　ハード・キー[Amplitude]（👆1.7）→ ソフト・キー[Ref Level]（👆1.2）→ テン・キー[4][0]（👆1.4）→ ソフト・キー[dBm]（👆1.5）
⑤マーカで信号レベルを測定（**画面3.2.5**）
　　ハード・キー[Marker]（👆1.8）
　　次の例は，測定する過程を画面で示したものです．

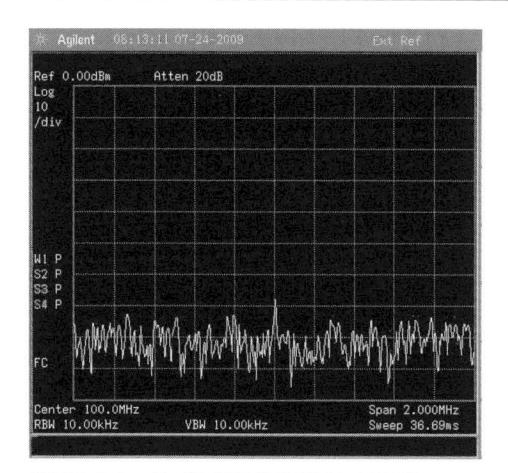

第3章 スペクトラム・アナライザを使った各種測定事例　●3-2 低い振幅レベルの単一信号の測定

画面3.2.3　スパン周波数を2MHzに設定

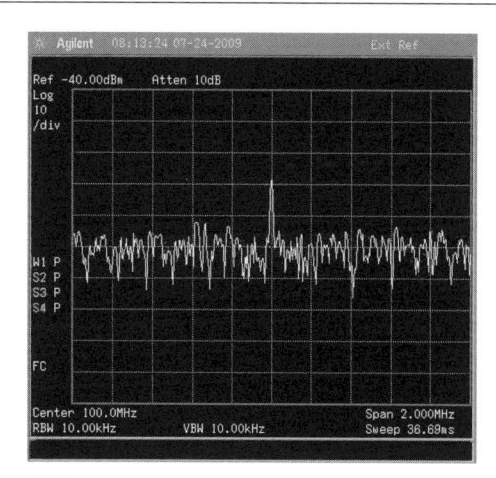

画面3.2.4　リファレンス・レベルを-40dBmに設定

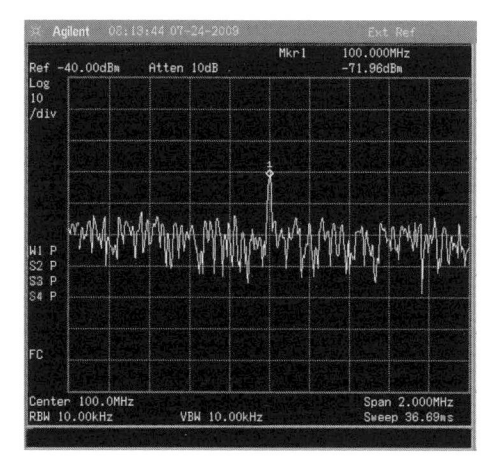

画面3.2.5　マーカON

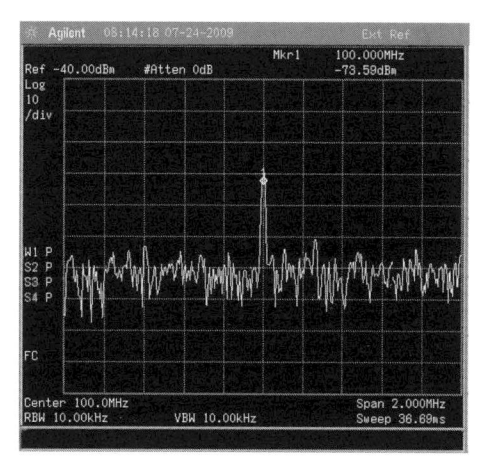

画面3.2.6　アッテネータの減衰量を0dBに設定

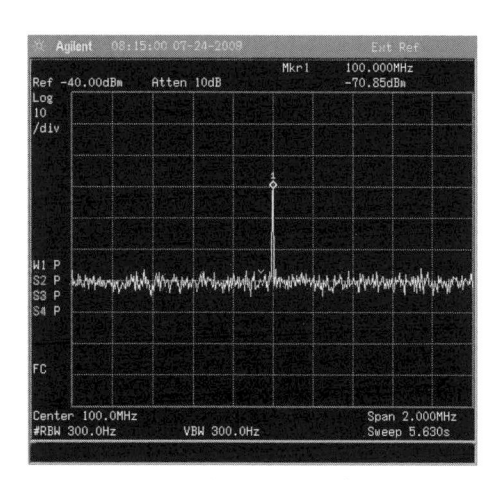

画面3.2.7　RBWを300Hzに設定

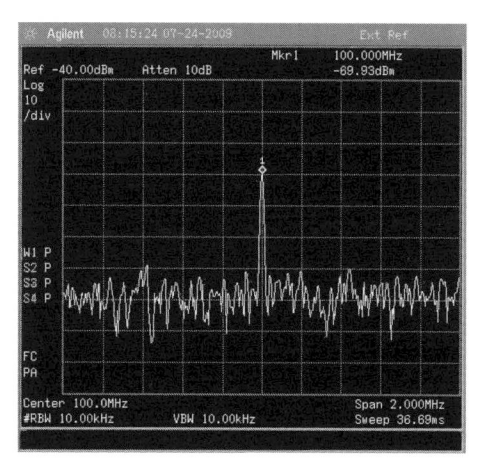

画面3.2.8　内蔵プリアンプON

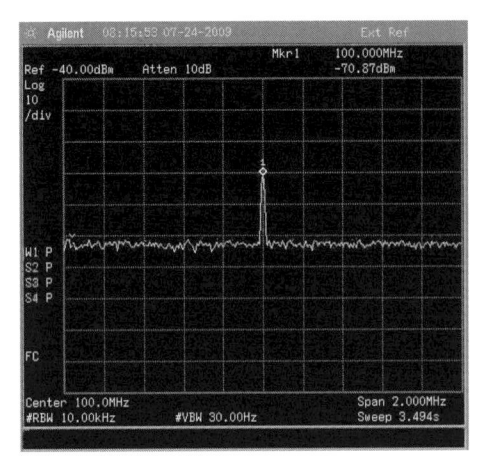

画面3.2.9　VBWを30Hzに設定

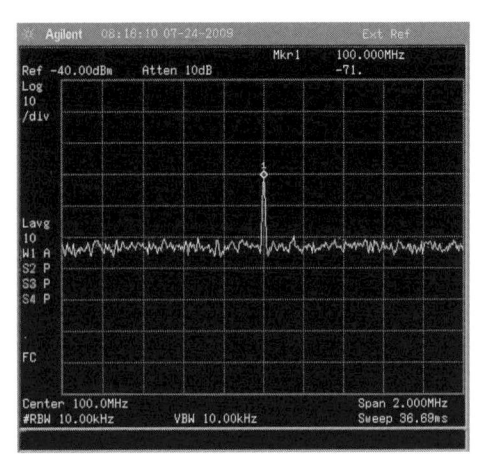

画面3.2.10　アベレージング

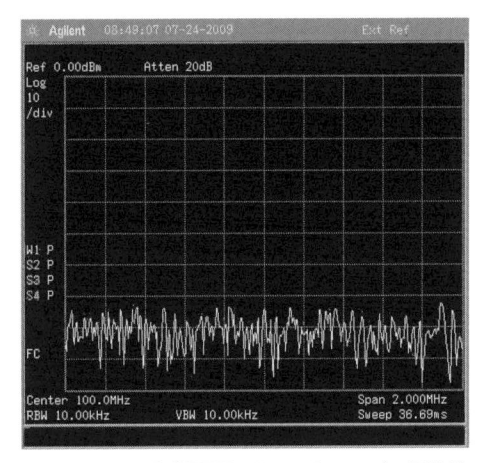

画面3.2.11　初期画面からセンタ，スパン周波数のみを設定

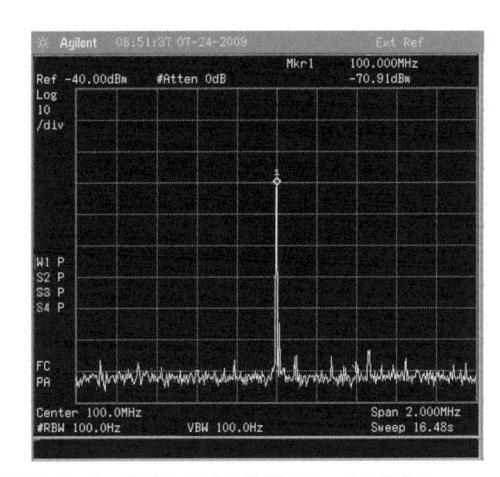

画面3.2.12　設定し直すと波形がはっきり見える

⑥ 内蔵アッテネータの値を下げると，ノイズ・フロアも下がる（**画面3.2.6**）
⑦ RBWを狭めるとノイズ・フロアが下がる（**画面3.2.7**）
⑧ 内蔵プリアンプをONにすると，プリアンプの利得分ノイズ・フロアが下がる（**画面3.2.8**）
⑨ VBWを狭めるとノイズが平均化され，ノイズに埋もれた信号が浮き上がる（**画面3.2.9**）
⑩ アベレージング機能を使用することでもノイズが平均化され，ノイズに埋もれた信号が浮き上がる（**画面3.2.10**）

　内蔵アッテネータの減衰量を20dBに，リファレンス・レベルを0dBm，RBW/VBW 10kHz，プリアンプがOFFの設定だと信号が確認できません（**画面3.2.11**）．

　内蔵アッテネータの減衰量を0dBに，リファレンス・レベルを−40dBm，RBW/VBW 100Hz，プリアンプをONにすると信号をはっきり確認できるようになります（**画面3.2.12**）．

　このようにスペクトラム・アナライザを正しく設定することで，低レベルの信号を測定することができます．

3-3 高調波/不要輻射の測定

目的の信号以外に発射される信号を不要輻射(スプリアス信号)と呼びます.

不要輻射には,ひずみや回路間の干渉によって生じる不必要な成分や,目的の周波数の整数倍に現れる高調波も含まれます.

不要輻射はほかの通信に妨害を与えることがあるため,法令でレベルが規定されています.

高調波/不要輻射を測定するための機器の接続

送信機の不要輻射を測定する場合,通常は直接スペクトラム・アナライザに接続することはできないため,なんらかの方法で信号レベルを下げる必要があります.

理論上は,送信出力が同じ減衰量のアッテネータを接続すればよいことになりますが,アッテネータの耐電力などの関係で難しい場合も多く,通常はCM型方向性結合器やカプラを使用して電力を減衰させて測定を行います(図3.3.1).

たとえば電力100W(50dBm)の不要輻射を測定する場合には,図3.3.2のように接続します.

スペクトラム・アナライザの耐電力以上の電力を扱う場合もあるので,くれぐれも過大入力には注意します.

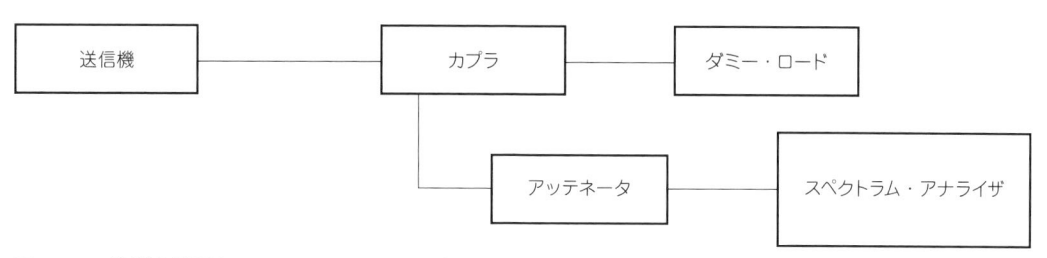

図3.3.1 被測定機器とスペクトラム・アナライザの接続

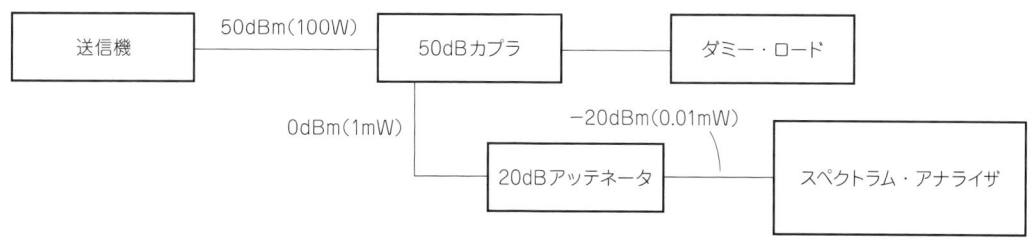

図3.3.2 電力100W(50dBm)の不要輻射を測定する場合の接続例

高調波 / 不要輻射の測定手順

● スタート周波数とストップ周波数を設定

　高調波/不要輻射の測定では基本波以外の信号を測定するため，センタ周波数指定ではなくスタート周波数とストップ周波数を指定します．

　スタート周波数とストップ周波数は，基本波の周波数と測定したい高調波の次数を考慮して決定します．今回は430MHzのアマチュア無線機の不要輻射と2倍までの高調波を測定するので，スタート周波数を400MHz，ストップ周波数を1.2GHzに設定します．

● 測定の手順

　高調波/不要輻射の測定の手順を説明します（パネル3.3.1）．
① 初期画面（画面3.3.1）
② スタート周波数を設定する．ハード・キー［FREQ Channel］（☝1.1）→ ソフト・キー［Start Freq］（☝1.2）を選択し，テン・キーで周波数［4］［0］［0］を入力後（☝1.3），ソフト・キーで単位［MHz］（☝1.4）を指定してスタート周波数を設定する（画面3.3.2）
③ ストップ周波数を設定する．ソフト・キーで［Stop Freq］（☝1.5）を選択し，テン・キーで周波数［1］［．］［2］を入力後（☝1.3），ソフト・キーで単位［GHz］（☝1.6）を指定してストップ周波数を設定する（画面3.3.3）
④ 信号を入力して基本波が表示されることを確認する（画面3.3.4）
⑤ VBWを設定してノイズを平均化する．ハード・キー［BW］（☝1.7）→ ソフト・キー［Video BW］（☝1.4）で［Man］を選択し，テン・キーで周波数［5］［1］を入力後（☝1.3），ソフト・キーで単位［kHz］（☝1.4）を指定してVBWを設定する（画面3.3.5）

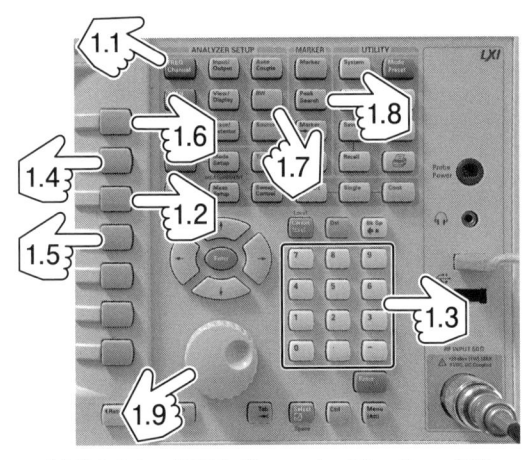

パネル3.3.1　FREQ Channel，テン・キー，BW，Peak Search，ダイヤル・ノブの位置とソフト・キー

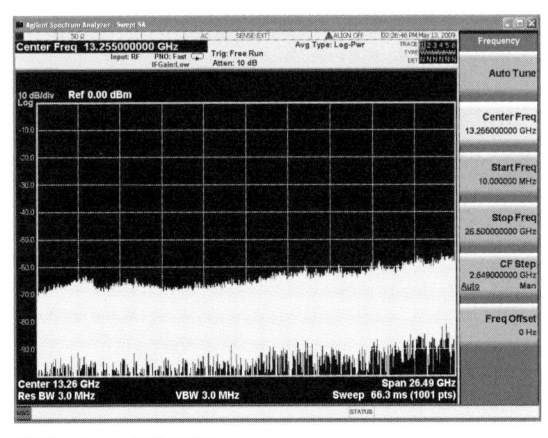

画面3.3.1　初期画面

⑥ ハード・キー [Peak Search]（👆1.8）でマーカ・ポイントを基本波にセットする（**画面3.3.6**）
⑦ ソフト・キーの [Marker Delta]（👆1.5）でデルタ・マーカをONにする（**画面3.3.7**）
⑧ ダイヤル・ノブ（👆1.9）もしくはソフト・キーの [Next Peak]（👆1.6）で信号にマーカ・ポイントをセットして，画面右上に表示される値を読み取る（**画面3.3.8**，**画面3.3.9**）

● 不要輻射測定時の注意

　入力信号のレベルによっては被測定物が発生する不要輻射ではなく，スペクトラム・アナライザ自身のひずみが原因で発生した信号の場合があります．

　判定方法は入力アッテネータの減衰量を増やしてみる，もしくは入力信号とスペクトラム・アナライザの間に3dBほどのアッテネータを挿入します．内蔵アッテネータの減衰量を変更した場合，不要輻射のレベルが変わればスペクトラム・アナライザ内部でひずみが発生しています．

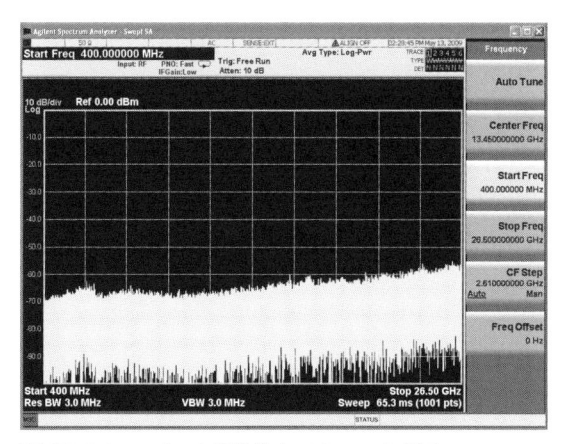

画面3.3.2　スタート周波数を400MHzに設定

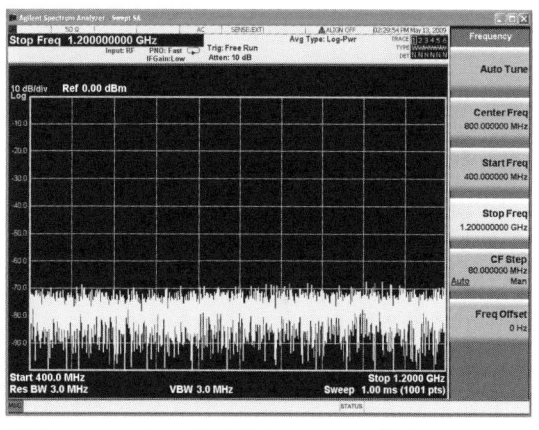

画面3.3.3　ストップ周波数を1.2GHzに設定

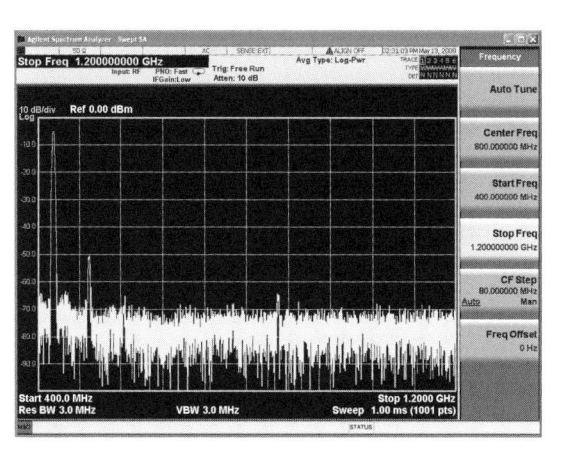

画面3.3.4　信号を確認

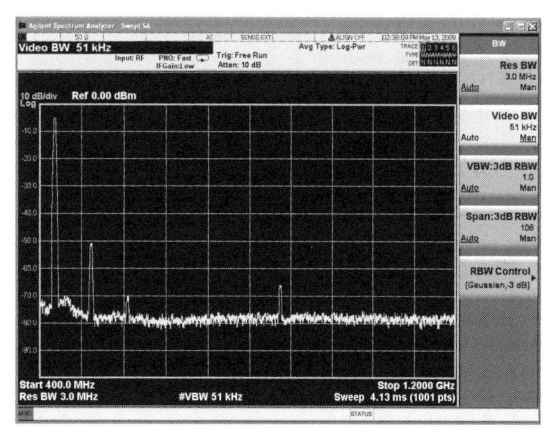

画面3.3.5　VBWを変更

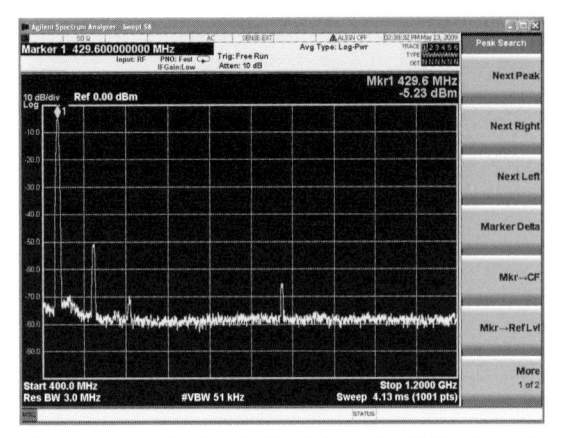

画面3.3.6　ピーク・サーチで基本波にマーカ・ポイントをセット

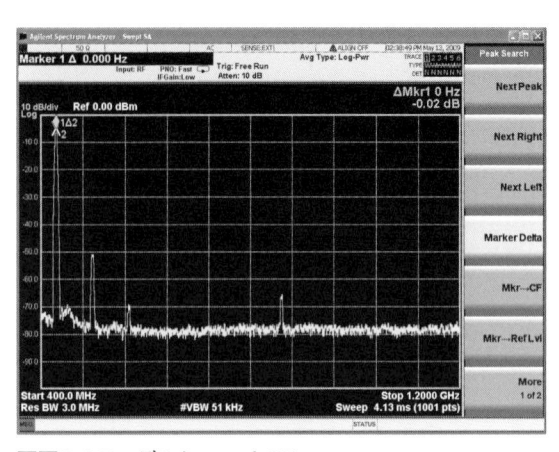

画面3.3.7　デルタ・マーカON

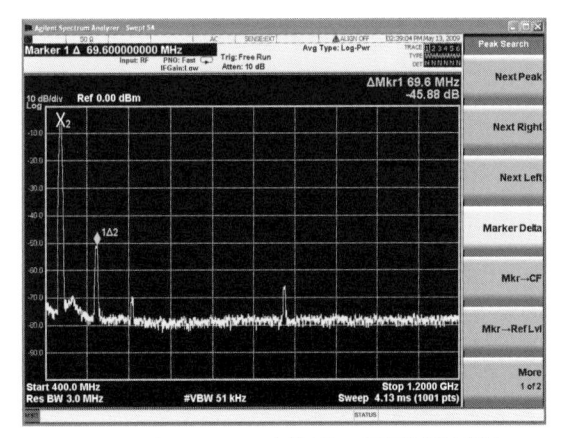

画面3.3.8　デルタ・マーカを使用して不要輻射を測定

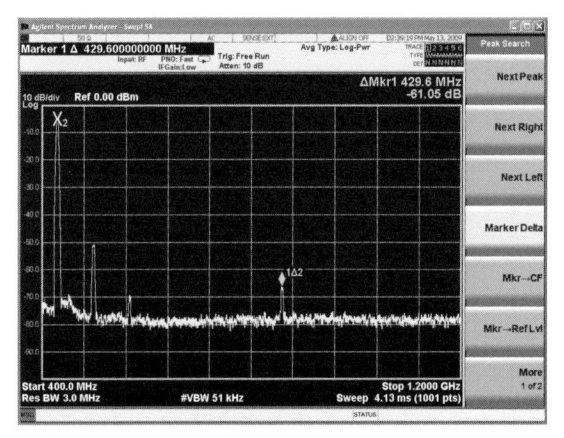

画面3.3.9　2次高調波を測定

　減衰量3dBの外部アッテネータを挿入した場合に信号レベルが3dB下がれば被測定物の不要輻射，3dB以上下がればスペクトラム・アナライザが発生するひずみと考えられます．ここで，入力信号のレベルを下げるなどの対策を行う必要があります（図3.3.3）．

　またダミー・ロードではなくダイオードを使用した終端型電力計を接続すると，ダイオードでひずみが発生する場合があるので注意してください．

　実際に過大入力の状態を見てみます．

　画面3.3.10は，内蔵アッテネータの減衰量が6dBの画面です．5次の高調波のレベルは−44.6dBmと観測されています．

　画面3.3.11は，内蔵アッテネータの減衰量を10dBに変更しました．2次高調波，3次高調波のレベルが変わらないのに4次高調波，5次高調波のレベルが下がっていることに注目してください．

　内蔵アッテネータの値を変更してもスペクトラム・アナライザ内部の演算により測定値は変わらな

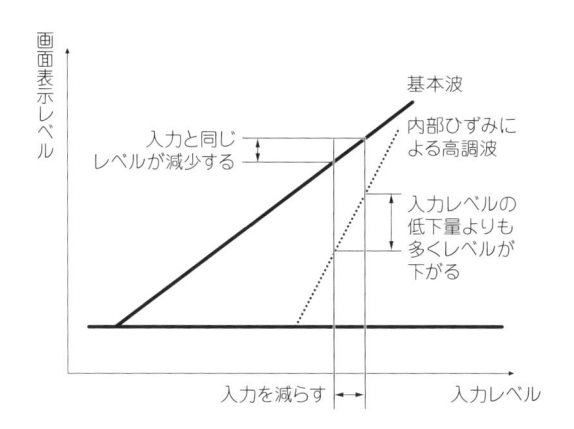

図3.3.3　入力レベルと内部高調波の関係

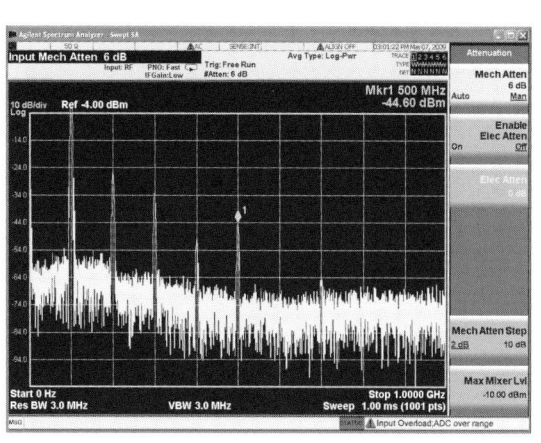

画面3.3.10　内蔵アッテネータの減衰量6dB

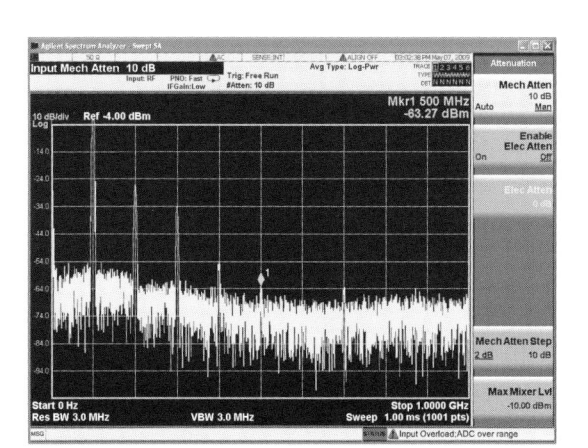

画面3.3.11　内蔵アッテネータの減衰量10dB

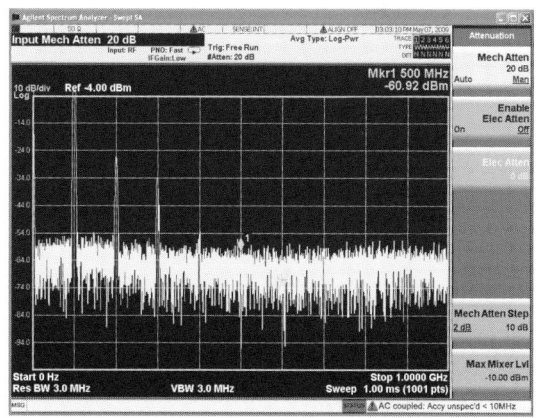

画面3.3.12　内蔵アッテネータの減衰量20dB

いはずなのですが，5次の高調波は−63.27dBmと大きくレベルが下がっています．これは過大入力によりスペクトラム・アナライザ内部でひずみが発生していたことを示します．

画面3.3.12は内蔵アッテネータの減衰量を20dBに変更しました．

ノイズ・フロアが上がったため，5次高調波のレベルが読み取りにくくなっていますが，2次高調波から5次高調波まで内蔵アッテネータの減衰量が10dBの場合とほとんど差がないことが分かります．

この場合は内蔵アッテネータの減衰量を10dB以上に設定すれば，正しい信号レベルを測定できることが分かります．

3-4 近接不要輻射の測定

近接不要輻射とは,基本波の近くに発生する不要輻射を指します.

被測定機器とスペクトラム・アナライザの接続

小電力を測定する場合には図3.4.1の接続を,大電力を測定する場合には図3.4.2のように電力を減衰させて接続します.くれぐれも過大入力には注意します.

近接不要輻射の測定手順

近接不要輻射は基本波の近くを観測するので,基本波周波数をセンタ周波数に設定します.今回は430MHzをセンタ周波数に設定します(パネル3.4.1).

① 初期画面(画面3.4.1)
② センタ周波数を入力して設定する(画面3.4.2).ハード・キー[FREQ Channel](☝1.1)→ ソフト・キー[Center Freq](☝1.2)を選択し,テン・キーで周波数[4][3][0]を入力後(☝1.3),ソフト・キーで単位[MHz](☝1.2)を指定してセンタ周波数を設定する

次にスパン周波数を設定しますが,最初は広めに設定して徐々に狭めていきます.もちろん観測したい周波数が分かっている場合には,直接そのスパン周波数を設定します.

③ スパン周波数を200MHzに設定する(画面3.4.3).ハード・キー[SPAN X Scale](☝1.4)→ ソフト・キー[Span](☝1.5)を選択し,テン・キーで周波数[2][0][0]を入力後(☝1.3),ソ

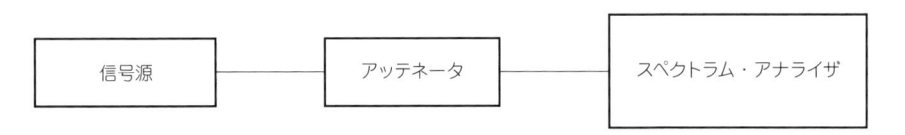

図3.4.1 小電力のときの被測定機器とスペクトラム・アナライザの接続

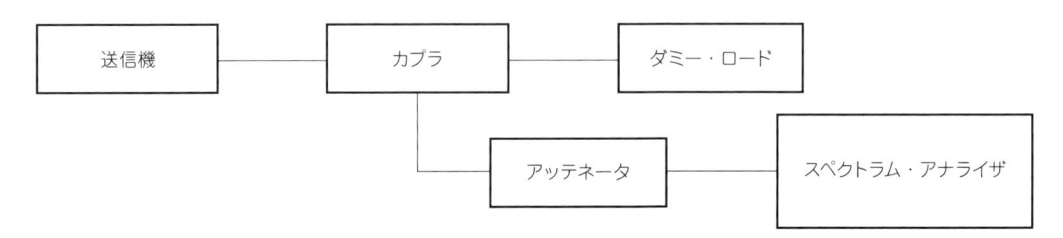

図3.4.2 大電力のときの被測定機器とスペクトラム・アナライザの接続

第3章　スペクトラム・アナライザを使った各種測定事例　●3-4 近接不要輻射の測定

フト・キーで単位［MHz］（👆1.2）を指定して，スパン周波数を設定する

基本波の左右に見える不要輻射のレベルを測定します．

④ ハード・キー［Peak Search］（👆1.6）でマーカ・ポイントを基本波にセットする（**画面3.4.4**）
⑤ ソフト・キーの［Marker Delta］（👆1.7）でデルタ・マーカをONにする（**画面3.4.5**）
⑥ ソフト・キーの［Next Peak］，［Next Right］などの機能（👆1.8），もしくはダイヤル・ノブ（👆1.9）でマーカ・ポイントを不要輻射にセットし，周波数とレベルを確認する（**画面3.4.6**）

この場合の周波数とレベルは，基本波に対する相対値です．絶対値を測定する場合には，デルタ・マーカを使わず通常のマーカで測定します．

⑦ スパン周波数を100MHzに設定する（**画面3.4.7**）
⑧ ハード・キー［BW］を選択しソフト・キーの［Video BW］を設定してノイズを平均化し，不要輻射の有無を確認する（**画面3.4.8**）

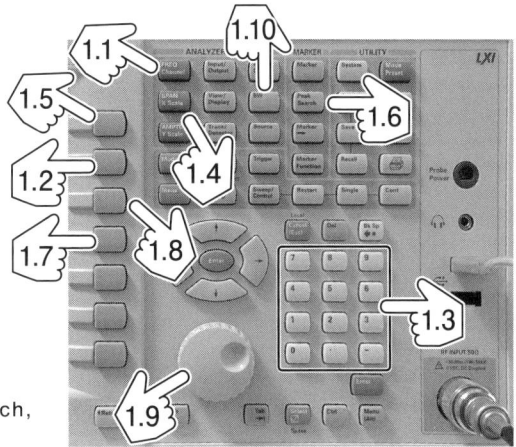

パネル3.4.1
FREQ Channel，テン・キー，SPAN，Peak Search，
ダイヤル・ノブ，BWの位置とソフト・キー

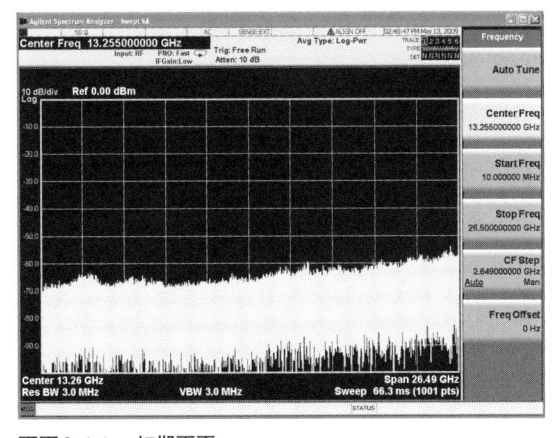

画面3.4.1　初期画面

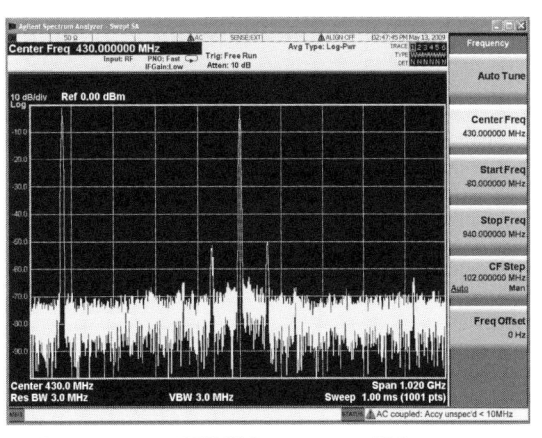

画面3.4.2　センタ周波数を430MHzに設定

57

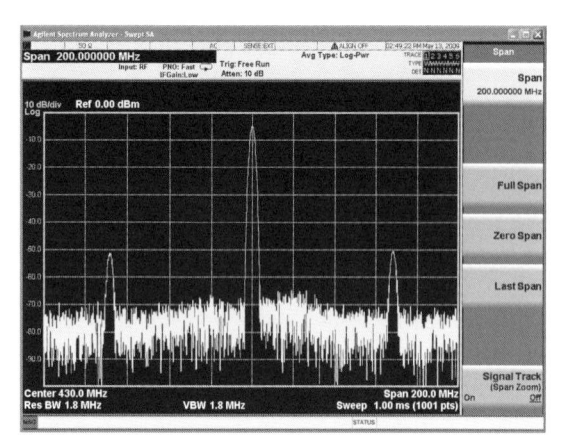

画面3.4.3　スパン周波数を200MHzに設定

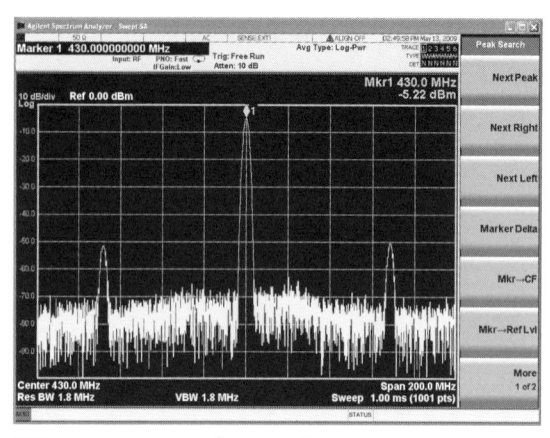

画面3.4.4　マーカ・ポイントを基本波にセット

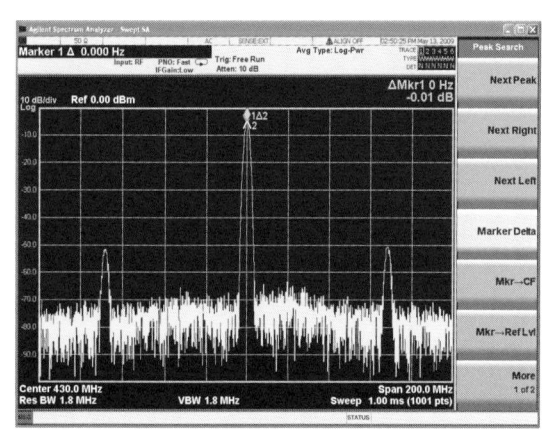

画面3.4.5　デルタ・マーカをON

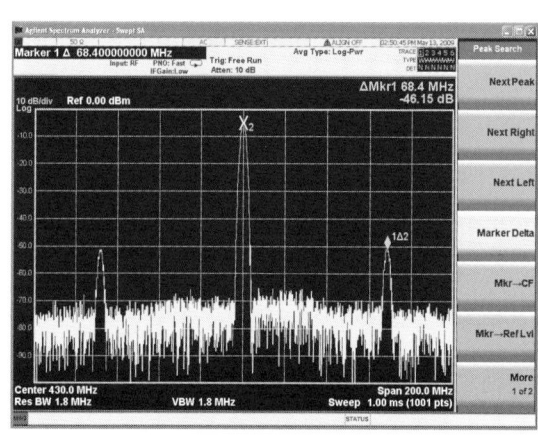

画面3.4.6　基本波と不要輻射の相対値を測定

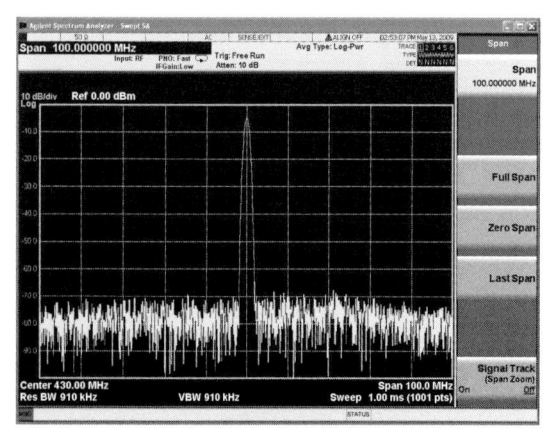

画面3.4.7　スパン周波数を100MHzに設定

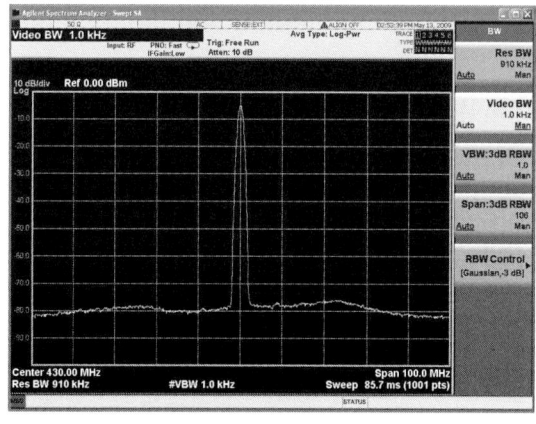

画面3.4.8　VBWを1kHzに設定

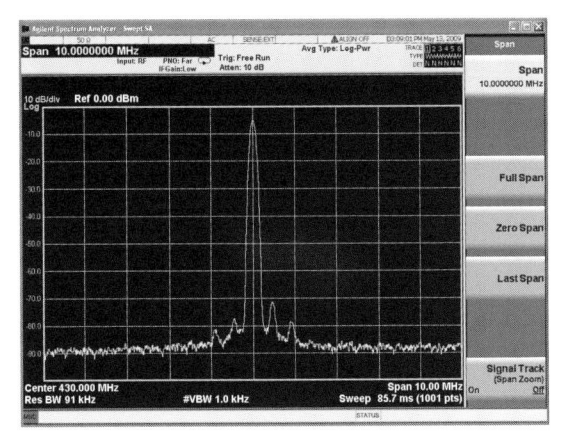

画面3.4.9　スパン周波数を10MHzに設定

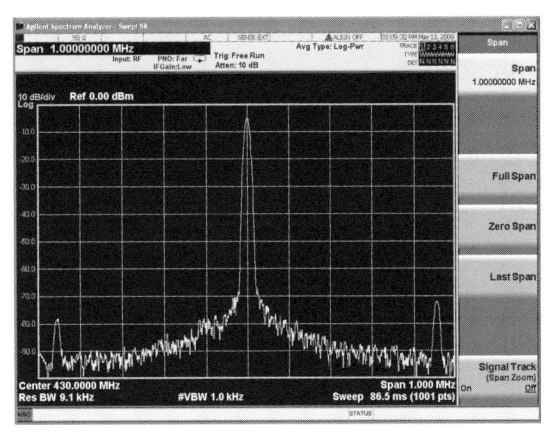

画面3.4.10　スパン周波数を1MHzに設定

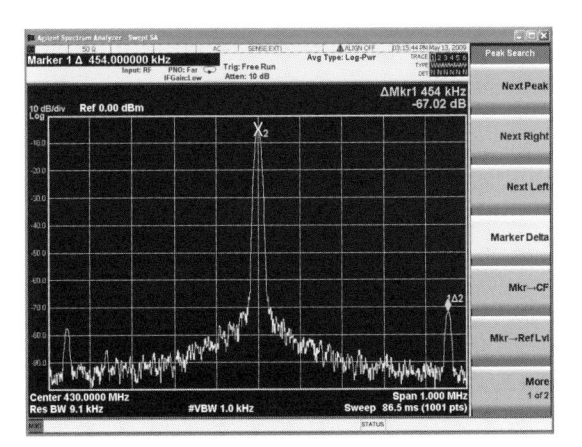

画面3.4.11　基本波と不要輻射の相対値を測定

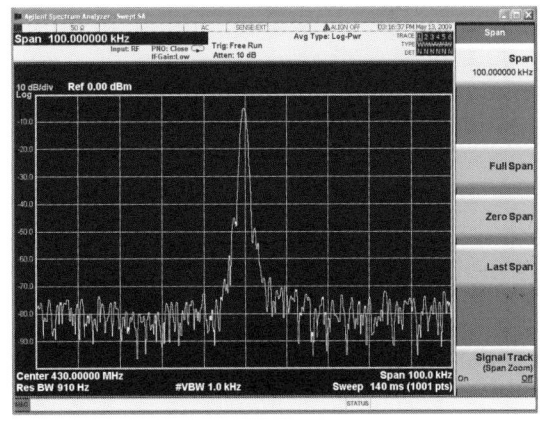

画面3.4.12　スパン周波数を100kHzに設定

　ハード・キー［BW］(☝1.10) → ソフト・キー［Video BW］(☝1.2) で［Man］を選択し，テン・キーで周波数を入力後 (☝1.3)，ソフト・キーで単位［kHz］(☝1.2) を指定してVBWを設定します．
⑨ スパン周波数を10MHzに設定する（**画面3.4.9**）
⑩ スパン周波数を1MHzに設定する（**画面3.4.10**）
⑪ デルタ・マーカを使って不要輻射を測定する（**画面3.4.11**）
⑫ スパン周波数を100kHzに設定する（**画面3.4.12**）
⑬ VBWを30Hzに設定する（**画面3.4.13**）
⑭ スパン周波数を10kHzに設定する（**画面3.4.14**）
⑮ RBWを30Hzに設定する（**画面3.4.15**）．ハード・キー［BW］(☝1.10) → ソフト・キー［Res BW］(☝1.5) で［Man］を選択し，テン・キーで周波数［3］［0］を入力後 (☝1.3)，ソフト・キーで単位［Hz］(☝1.8) を指定してRBWを設定する

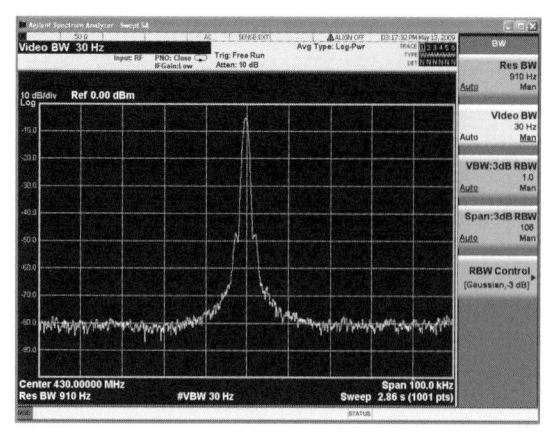

画面3.4.13　VBWを30Hzに設定

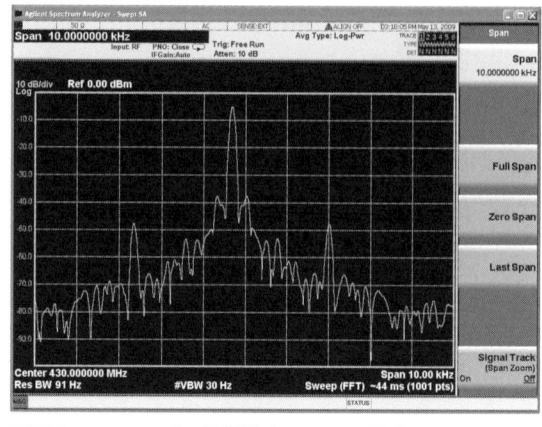

画面3.4.14　スパン周波数を10kHzに設定

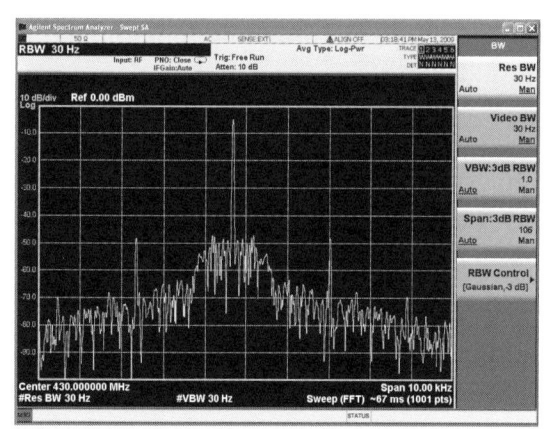

画面3.4.15　RBWを30Hzに設定

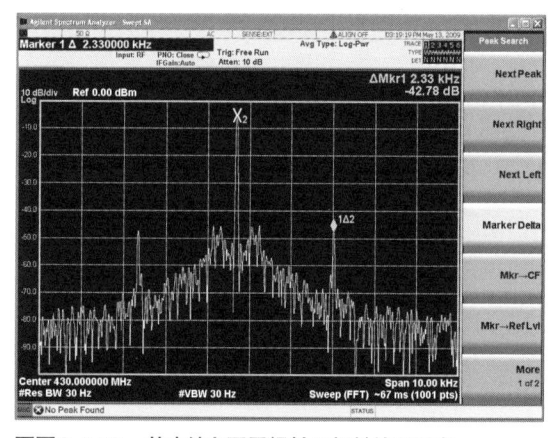

画面3.4.16　基本波と不要輻射の相対値を測定

⑯ デルタ・マーカを使って不要輻射を測定する（**画面3.4.16**）

スペクトラム・アナライザへの過大入力により，内部で不要輻射が発生している場合もあるので注意してください．

3-5　AM変調度の測定

AM（Amplitude Modulation；振幅変調）は変調方式の一つで，情報をキャリア（搬送波）の強弱で伝達する変調方式です（**図3.5.1**）．

振幅変調には搬送波（キャリア）を中心に，両側に側波帯をもつ全搬送波両側波帯（一般的なAM）

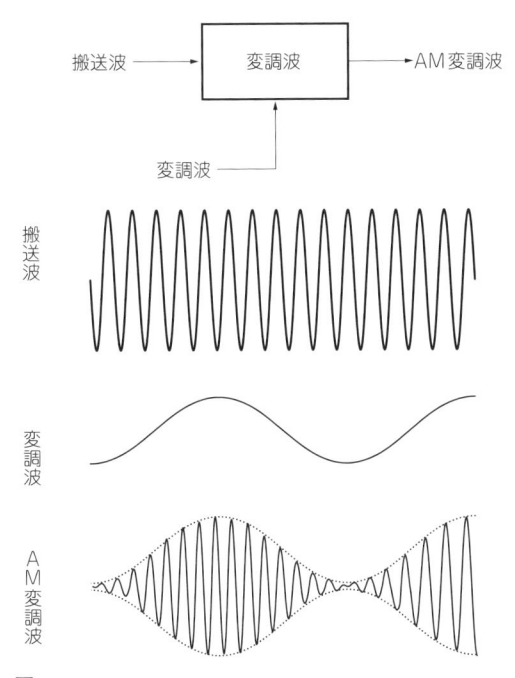

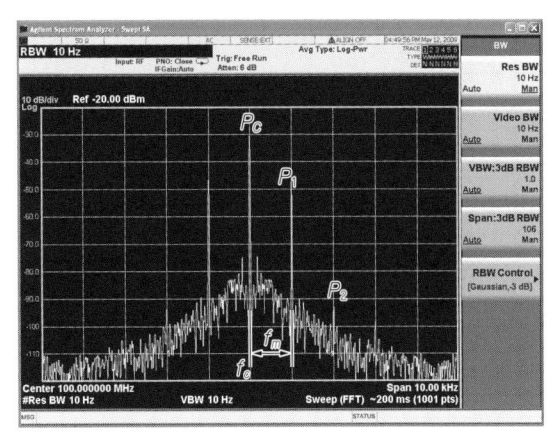

f_c：搬送波周波数
f_m：変調波周波数
P_C：搬送波レベル
P_1：変調波レベル
P_2：変調波第2高調波レベル

図3.5.2　AM波のスペクトラム

図3.5.1
AM変調方式の原理

や搬送波が抑圧された抑圧搬送波両側波帯（DSB；Double Sideband），搬送波が抑圧されなおかつ片側だけの側波帯で情報を伝達する抑圧搬送波単側波帯（SSB；Single Sideband）なども含まれます．

　ここでは中波ラジオ放送や短波放送，航空無線などで使用されているAM信号の変調度を対象として測定します．

　AM波は，変調度の値が大きいほど信号波の振幅が大きくなり効率の良い通信となりますが，変調度が100％を超える状態を過変調と呼び，一般的な包括検波回路では復調信号の波形がひずみます．また，占有帯域幅が増加してほかの通信に妨害を与えることがあります．

　反対に変調度が低すぎると，検波後の低周波出力のレベルが低く音量が小さくなります（変調が浅いといわれる状態）．そのため，AM波での通信では変調度の管理が大切になります．

　AM波のスペクトラムは，図3.5.2のようになります．

被測定機器とスペクトラム・アナライザの接続

　AM変調度を測定するためには，CM（キャパシタンスC＋相互インダクタンスM）カプラなどを使用して，送信機とスペクトラム・アナライザを接続します（図3.5.3）．測定に際しては，くれぐれも過大入力には注意してください．この測定には，スペクトラム・アナライザN9320Bを使いました．

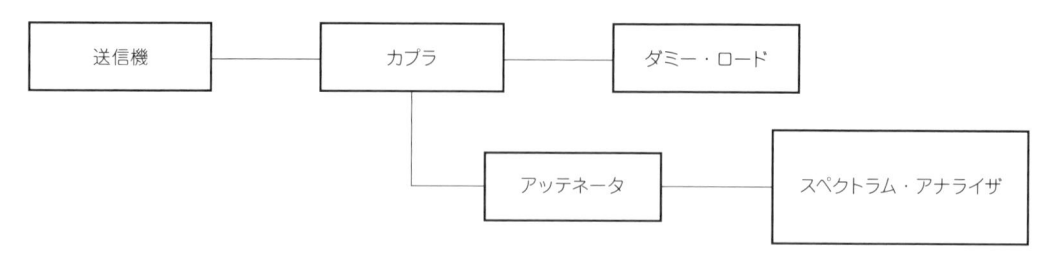

図3.5.3　AM変調度を測定するための被測定機器とスペクトラム・アナライザの接続

AM変調度の測定手順

● 縦軸ログ・スケールでの測定

搬送波と単側波（変調波）のレベル差を測定し，変調度を計算します（**パネル3.5.1**）．

① 初期画面に設定（**画面3.5.1**）．ハード・キー［Preset/System］(☞1.1) → ソフト・キー［Preset］(☞1.2)

② 搬送波の周波数をセンタ周波数(500MHz)に設定する（**画面3.5.2**）．ハード・キー［Frequency］(☞1.3) → ソフト・キー［Center Freq］(☞1.2) → テン・キー［5］［0］［0］(☞1.4) → ソフト・キー［MHz］(☞1.5)

③ 変調波のスペクトラムが観測できるよう，スパン周波数(10kHz)を設定する（**画面3.5.3**）．ハード・キー［SPAN］(☞1.6) → ソフト・キー［SPAN］(☞1.2) → テン・キー［1］［0］(☞1.4) → ソフト・キー［MHz］(☞1.5)

④ リファレンス・レベルを初期値の0dBmから−20dBmに変更する（**画面3.5.4**）．ハード・キー

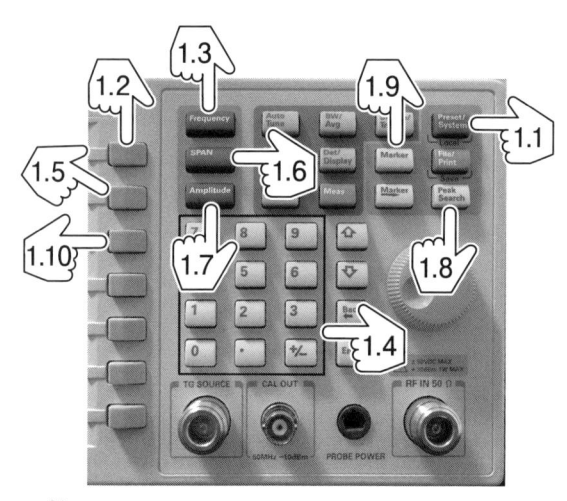

パネル3.5.1　Preset System，Frequency，テン・キー，SPAN，Ampletude，Markerキーの位置とソフト・キー

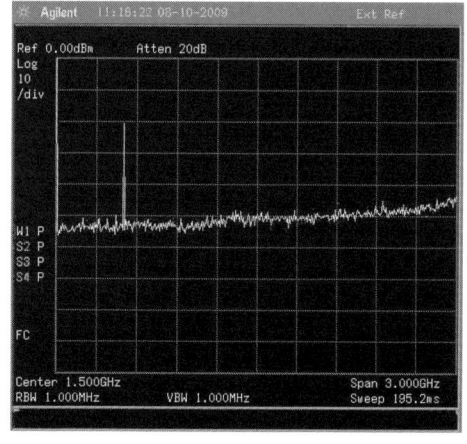

画面3.5.1　初期画面

[Amplitude]（👆1.7）→ ソフト・キー[Ref Level]（👆1.2）→ テン・キー[2][0]（👆1.4）→ ソフト・キー[-dBm]（👆1.5）

⑤ ピーク・サーチ機能でマーカ・ポイントを搬送波にセットする（**画面3.5.5**）．ハード・キー[Peak Search]（👆1.8）

⑥ マーカのデルタ・マーカをONにする（**画面3.5.6**）．ハード・キー[Marker]（👆1.9）→ ソフト・キー[Delta＞]（👆1.10）→ ソフト・キー[Delta On Off]→[On]（👆1.2）

⑦ マーカ・ポイントを変調波にセットし，搬送波と変調波のレベル差を測定する（**画面3.5.7**）

⑧ 読み取ったレベル差を元に式（3.5.1）を使ってログ・スケールの変調度mを求める

$$20\log\frac{m}{2} = P_C - P_1 \qquad (3.5.1)$$

P_C：搬送波レベル
P_1：変調波レベル

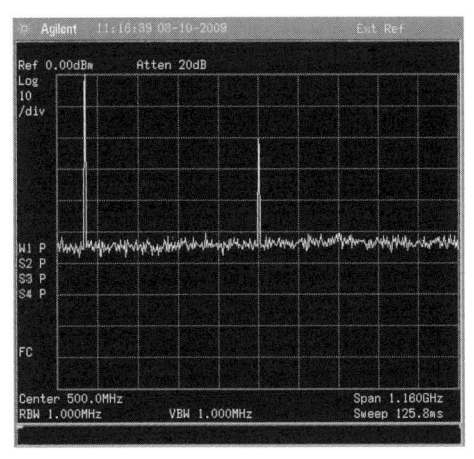

画面3.5.2　センタ周波数を500MHzに設定

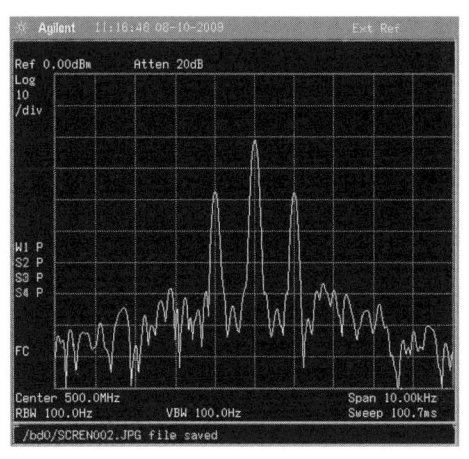

画面3.5.3　スパン周波数を10kHzに設定

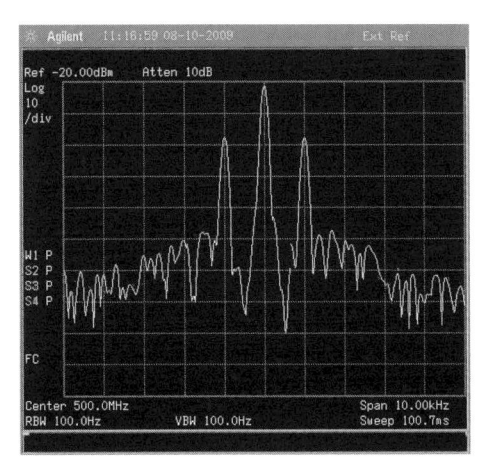

画面3.5.4　リファレンス・レベルを－20dBmに設定

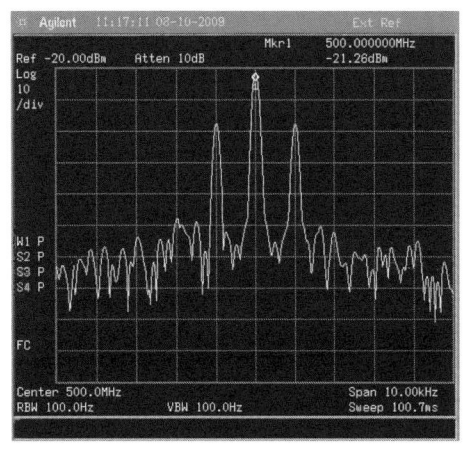

画面3.5.5　マーカON

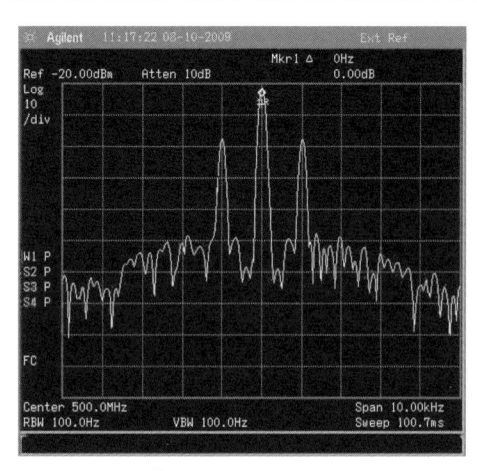

画面3.5.6　デルタ・マーカON

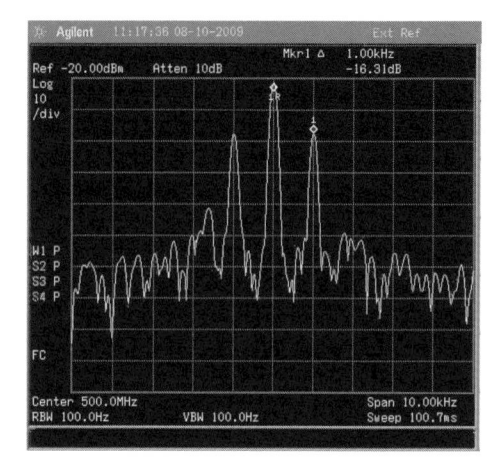

画面3.5.7　搬送波と変調波のレベル差をデルタ・マーカで測定

2次の変調ひずみの計測手順

2次の変調ひずみは，変調波のレベル－2次変調ひずみのレベル（図3.5.2のP_1-P_2）で計測できます．

● 測定方法

手順①～手順④までは，ログ・スケールでの変調度測定方法と同じ手順です（パネル3.5.2）．
⑤ 変調波の第2高調波が見にくいときにはRBW/VBWを設定して波形を表示させる（画面3.5.8）．ハード・キー［BW/Avg］（☞1.11）→ ソフト・キー［Res BW］（☞1.2）→ テン・キー［1］［0］（☞1.4）→ ソフト・キー［Hz］（☞1.5）
⑥ デルタ・マーカを使用して，変調波P_1と変調波の第2高調波P_2のレベル差を計測する（画面3.5.9）

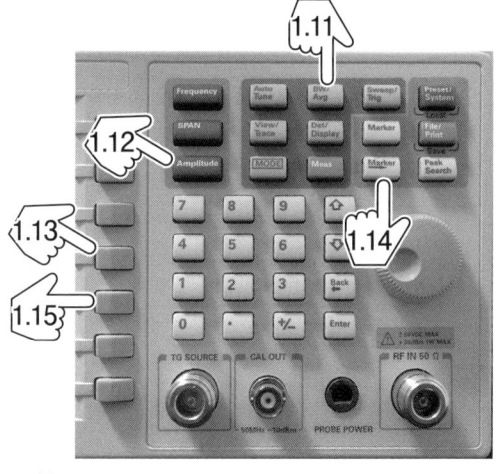

パネル3.5.2　BW，Amplitude，Markerキーの位置とソフト・キー

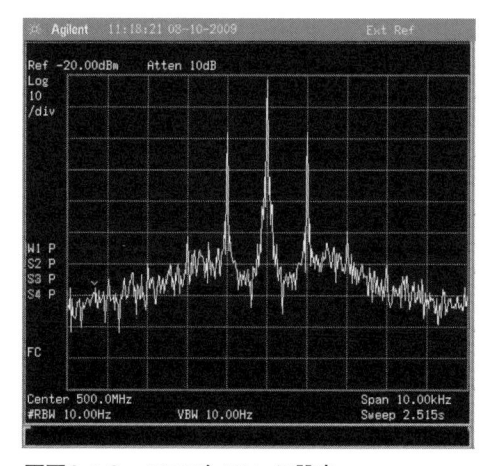

画面3.5.8　RBWを10Hzに設定

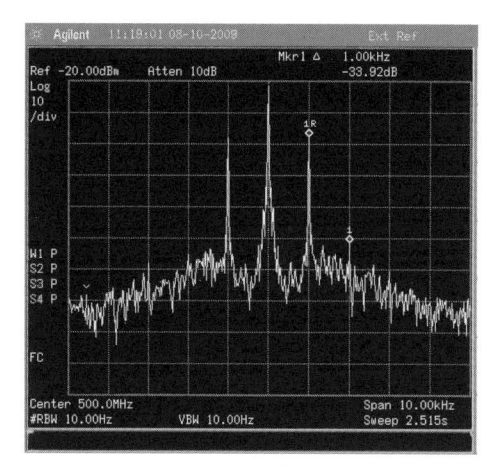

第3章 スペクトラム・アナライザを使った各種測定事例 ●3-5 AM変調度の測定

画面3.5.9 2次の変調ひずみの計測

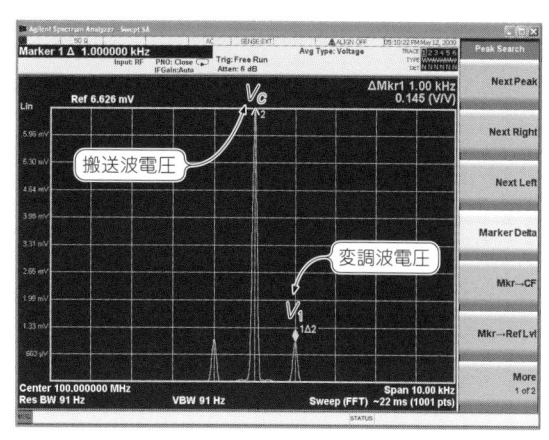

図3.5.4 リニア・スケールでの測定（AM変調度）

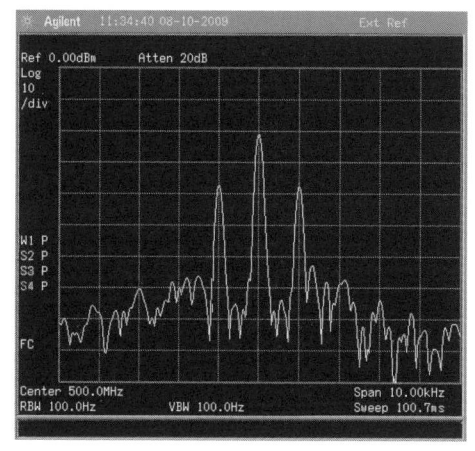

画面3.5.10 信号を表示するように設定

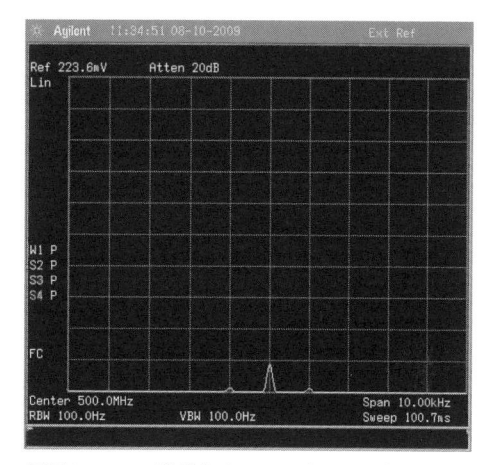

画面3.5.11 縦軸をリニア・スケールに変更

● 縦軸リニア・スケールでの測定

変調度は単側波と搬送波の振幅比です．そのためログ・スケールで測定すると計算式が難しくなります．そこで縦軸のスケールをリニア・スケールに設定して計測します（図3.5.4）．

● 測定方法

手順①～手順③まではログ・スケールでの変調度測定方法と同じ手順です（画面3.5.10）．
④ 縦軸のスケールをログ・スケールからリニア・スケールに変更する（画面3.5.11）．ハード・キー［Amplitude］（☞1.12）→ ソフト・キー［Scale Type Log Lin］（☞1.13）→［Lin］
⑤ 搬送波にマーカ・ポイントをセットする（画面3.5.12）
⑥ 搬送波のレベルをリファレンス・レベルにセットする（画面3.5.13）．ハード・キー［Marker →］（☞1.14）→ ソフト・キー［Mkr → Ref Lvl］（☞1.15）
⑦ デルタ・マーカをOnにする（画面3.5.14）

65

⑧ マーカ・ポイントを変調波にセットし,搬送波と変調波のレベル差を測定する(**画面3.5.15**)
⑨ 読み取ったレベル差を式(3.5.2)から変調度 m を求める

$$m(\%) = 2 \times (V_1 \div V_C \times 100) \tag{3.5.2}$$

V_C:搬送波電圧

V_1:変調波電圧

搬送波のレベルを100%としたときの変調波のレベルと変調波の周波数が直読できます.
　したがって,変調度 m は,

$$m(\%) = 2 \times 15.28 = 30.56$$

と簡単に計算できます.

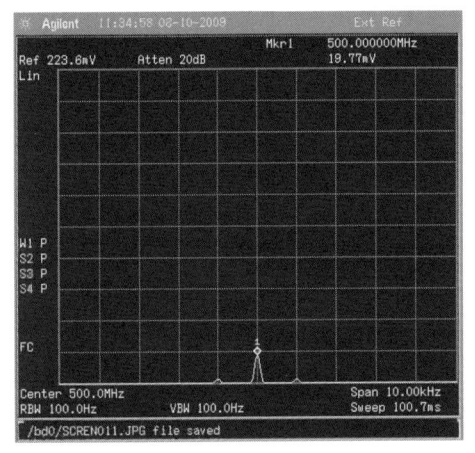

画面3.5.12　搬送波にマーカ・ポイントを設定

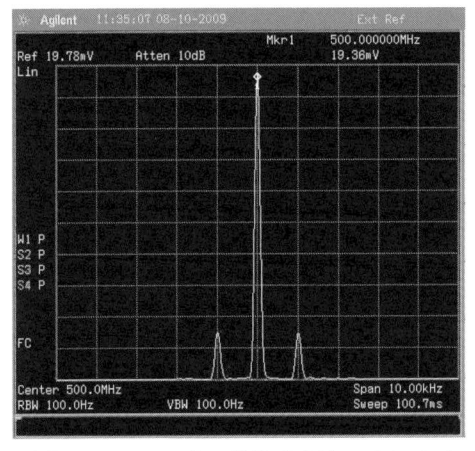

画面3.5.13　マーカ・ポイントをリファレンス・レベルに設定

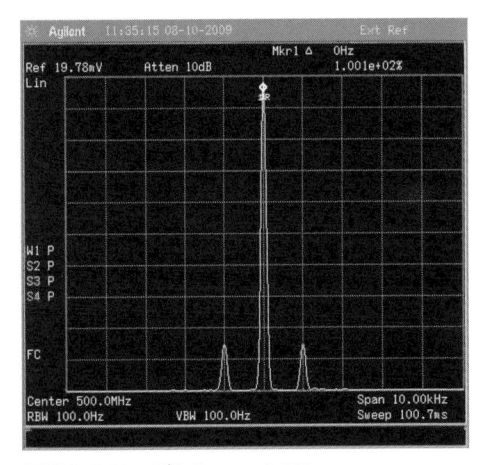

画面3.5.14　デルタ・マーカON

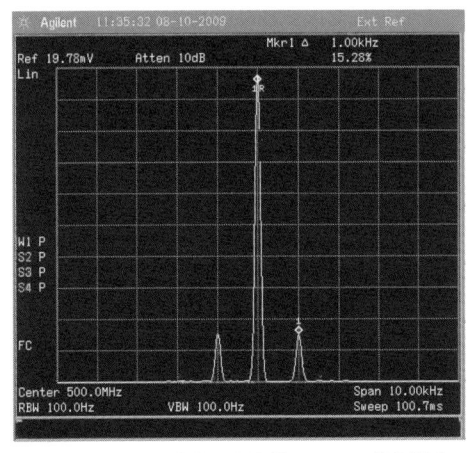

画面3.5.15　搬送波と変調波のレベル差を測定

ゼロ・スパンを使用した測定手順

　変調周波数が低い変調度を測定する際にスペクトラム・アナライザの分解能が不足する場合には，スパンをゼロ・スパンに設定し周波数固定の受信機として動作させ，時間ドメインでの測定を行うことで変調度を測定できます．以下にその手順を示します．

① フル・スパンもしくはスタート周波数，エンド周波数を設定し，目的の波形を確認する（**画面3.5.16**）
② マーカもしくはセンタ周波数指定で，信号をセンタ周波数に設定する（**画面3.5.17**）
③ スパン周波数を1MHzに設定する（**画面3.5.18**）
④ 縦軸をリニア・スケールに変更する（**画面3.5.19**）
⑤ ゼロ・スパンに設定する（**画面3.5.20**）．ハード・キー［SPAN］(☝1.6) → ソフト・キー［SPAN］(☝1.10)
⑥ 波形が適当な大きさに表示されるようにリファレンス・レベルを設定する（**画面3.5.21**）．ハード・キー［Amplitude］(1.12) → ソフト・キー［Ref Level］(☝1.2)
⑦ マーカを使用して振幅の最大値を計測する（**画面3.5.22**）
⑧ マーカを使用して振幅の最小値を計測する（**画面3.5.23**）．ハード・キー［Peak Search］(☝1.8) → ソフト・キー［Min Search］(☝1.15)
⑨ 求めた最大値と最小値を式（3.5.3）に当てはめ，変調度を計算する（**図3.5.5**）

$$m(\%) = \left(\frac{E(\max) - E(\min)}{E(\max) + E(\min)} \right) \times 100 \qquad (3.5.3)$$

$E(\max)$：振幅最大電圧
$E(\min)$：振幅最小電圧

● スペクトラム・アナライザの演算機能を使う

　スペクトラム・アナライザの機種によっては，変調度を求める機能が搭載されています．今回使用

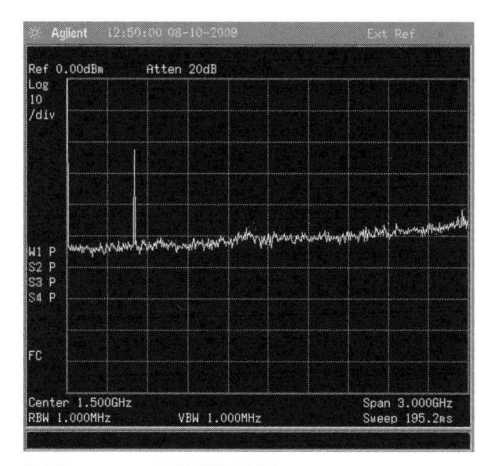

画面3.5.16　目的信号確認

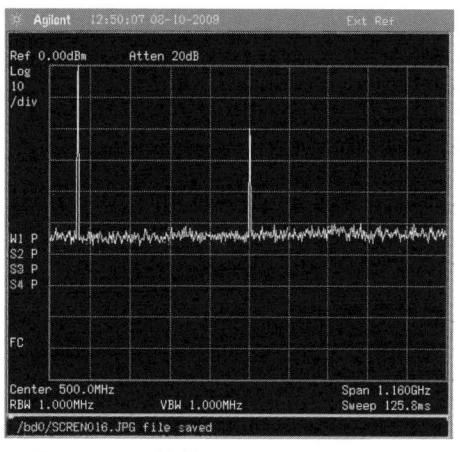

画面3.5.17　目的信号をセンタ周波数に設定

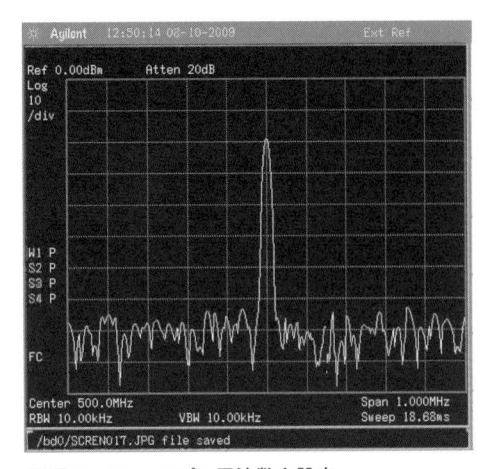

画面3.5.18　スパン周波数を設定

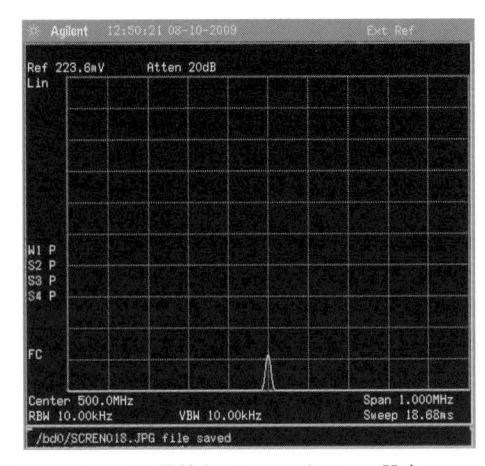

画面3.5.19　縦軸をリニア・スケールに設定

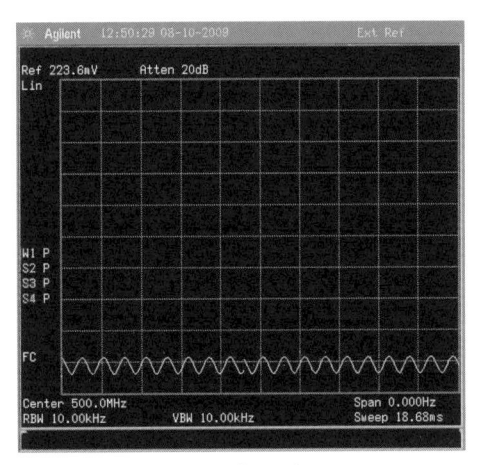

画面3.5.20　ゼロ・スパン設定

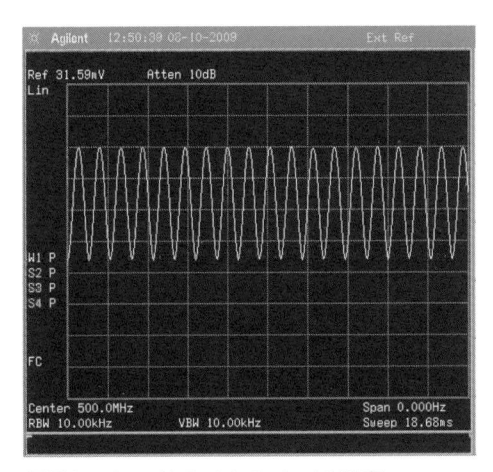

画面3.5.21　リファレンス・レベル設定

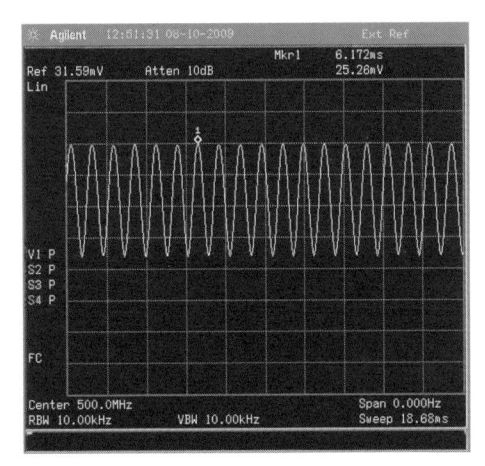

画面3.5.22　振幅の最大値を測定

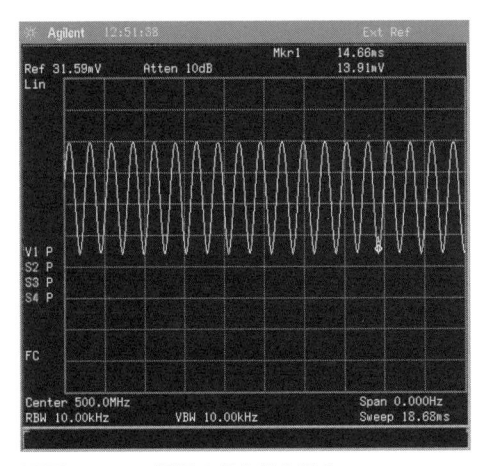

画面3.5.23　振幅の最小値を測定

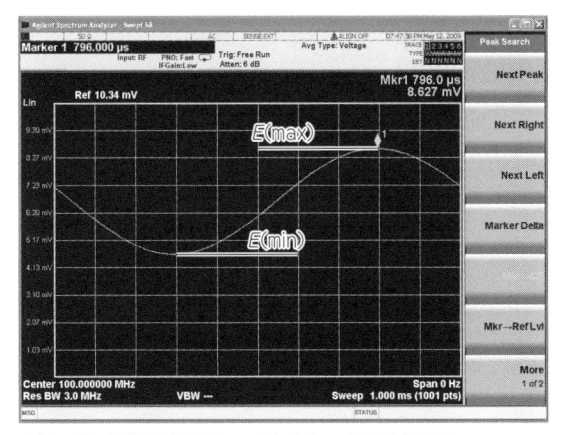

第3章 スペクトラム・アナライザを使った各種測定事例 ● 3-6 位相ノイズの測定

E(max)：振幅最大電圧　　*E*(min)：振幅最小電圧

図3.5.5　ゼロ・スパンで求めるAM変調度（m）

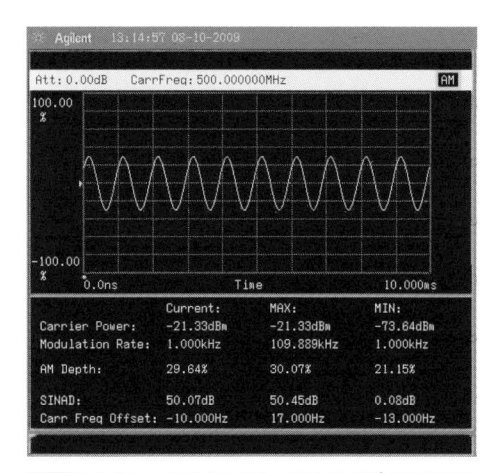

画面3.5.24　スペクトラム・アナライザ N9320BのAM変調解析機能

したスペクトラム・アナライザN9320Bには，AM/FMの変調を解析する機能が搭載されていて簡単に変調度などを調べることが可能です（**画面3.5.24**）．

3-6 位相ノイズの測定

　位相ノイズとは，簡単に説明すると「発振周波数の短期的なふらつき」です．オシロスコープなどの時間ドメインでの観測では「ジッタ」と呼ばれます．
　本来，理想的な発振器ではスペクトラムは1本の線になるはずですが，実際には裾広がりのスペクトラムになります．
　発振器の位相，周波数の短期的な変動で起こるスペクトラムの裾広がりの部分を位相ノイズと呼び，発振器の性能を語る上で大切な指標になります．
　発振器の信号には位相ノイズ以外にも振幅が変動するAMノイズも含まれますが，通常は問題視されません．また，位相ノイズはキャリアに対して左右対称なので片側だけを測定します．
　位相ノイズの例として異なる発振器のスペクトラムを紹介します．
　画面3.6.1と**画面3.6.2**は同じ条件で測定した別々の信号です．**画面3.6.1**と比較すると**画面3.6.2**は明らかにスペクトラムの裾が広がっていることが分かります．この広がりが位相ノイズです．
　位相ノイズは一般的にキャリアのレベルと位相ノイズのレベルの比で表され，単位はdBc/Hzです（**画面3.6.3**）．また，キャリアとの周波数の差（オフセット周波数）によってレベルが変わるため，かならずオフセット周波数を併記します．
　このように，位相ノイズはスペクトラム・アナライザを使用することで簡単に測定することができますが，正しく測定するためにはいくつか注意しなければならないこともあります．
　第一にスペクトラム・アナライザ自体の位相ノイズが被測定信号の位相ノイズよりも低い必要があ

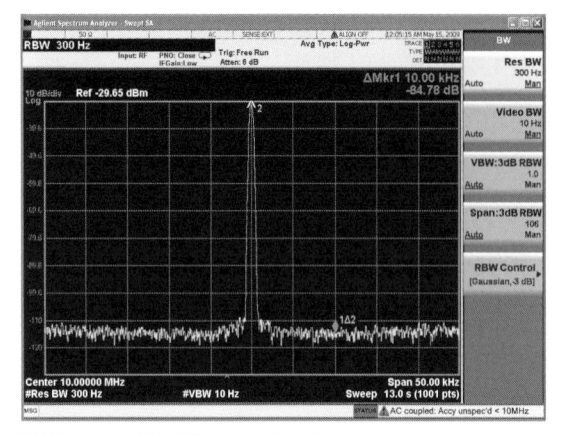

画面3.6.1　信号源1のスペクトラム

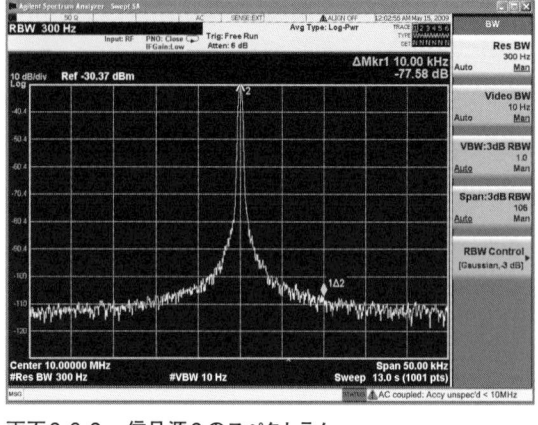

画面3.6.2　信号源2のスペクトラム

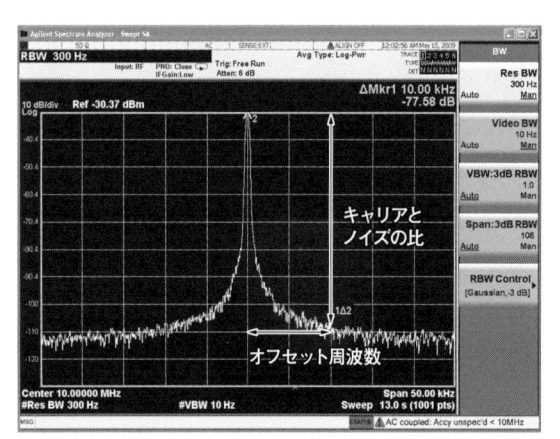

画面3.6.3　位相ノイズの定義

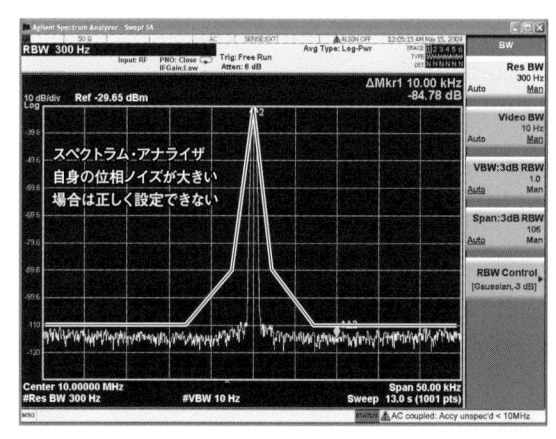

画面3.6.4　位相ノイズ測定の条件

ります(**画面3.6.4**)．スペクトラム・アナライザの位相ノイズが**画面3.6.4**の直線で示したラインだった場合，信号の位相ノイズはマスクされて測定できません．

またRBWを変更するとノイズ・レベルが変わります(**画面3.6.5**)．

このため－84.87dBc/300Hz@10kHz offsetのように，かならず測定したRBWの帯域幅を明記する必要がありますが，それでは異なったRBWで測定した位相ノイズを比較する際にどちらかのRBWに換算する必要が出てきます．そこで1Hzあたりの値[dBc/Hz]に変換した数値を用いるのが一般的です．

測定値をdBc/Hzに変換するには式(3.6.1)を使用します．

$$位相ノイズ[dBc/Hz] = 測定値[dBc] - 10\mathrm{Log}(RBW) \tag{3.6.1}$$

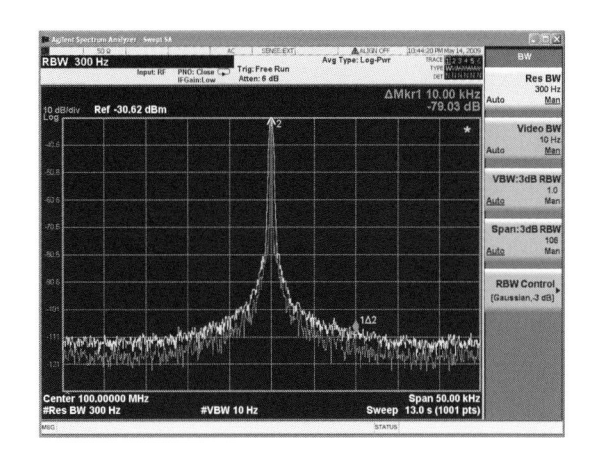

画面3.6.5
RBWの違いによるノイズ・レベルの違い

被測定機器とスペクトラム・アナライザの接続

小電力を測定する場合には図3.6.1のように接続し，大電力を測定する場合には図3.6.2のように電力を減衰させて接続します．くれぐれも過大入力には注意してください．

位相ノイズの測定手順

位相ノイズの測定手順を次に示します（キー操作は省略）．
① スペクトラム・アナライザを初期画面にする（画面3.6.6）
② 被測定信号周波数にセンタ周波数をセットする（画面3.6.7）
③ スパン周波数を設定する（画面3.6.8）
④ ピーク・サーチを使い，マーカ・ポイントをキャリア信号にセットする（画面3.6.9）

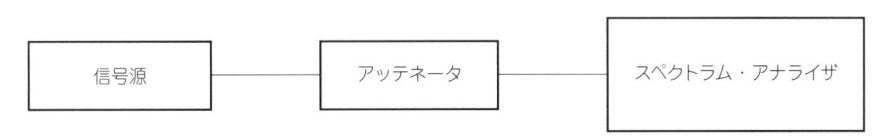

図3.6.1　小電力のときの被測定機器とスペクトラム・アナライザの接続

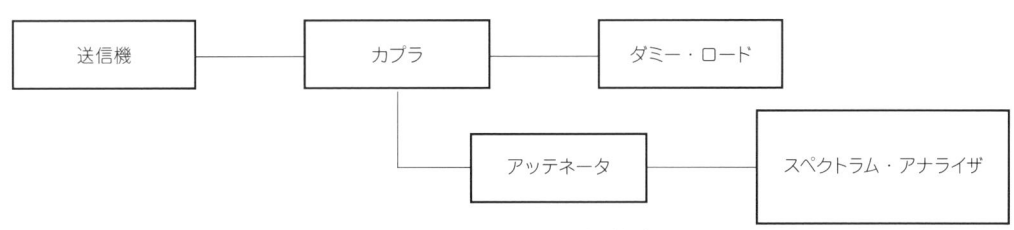

図3.6.2　大電力のときの被測定機器とスペクトラム・アナライザの接続

画面3.6.6　初期画面

画面3.6.7　測定信号をセンタ周波数に設定

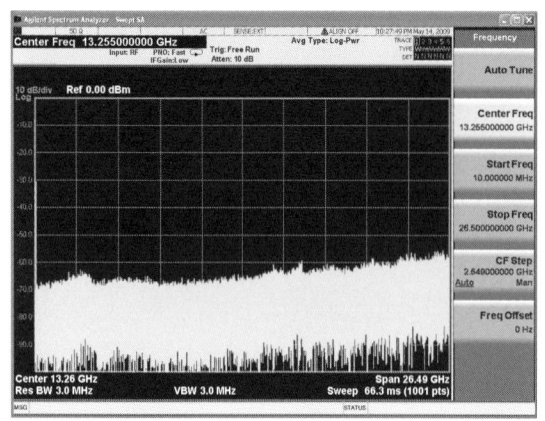

画面3.6.8　スパン周波数を設定

画面3.6.9　マーカ・ポイント・セット

⑤ リファレンス・レベルをキャリア信号の信号レベルにセットする（**画面3.6.10**）
⑥ RBWを設定する（**画面3.6.11**）
⑦ VBWを設定する（**画面3.6.12**）
⑧ デルタ・マーカをONにする（**画面3.6.13**）
⑨ デルタ・マーカ・ポイントをオフセット周波数にセットする（**画面3.6.14**）
⑩ ノイズで測定値が変動する場合には，さらにRBW/VBWを調整する（**画面3.6.15，画面3.6.16**）
⑪ キャリア信号とのレベル差を読み取る
⑫ 式（3.6.1）を用いて1Hzあたりの位相ノイズに換算する

　　$-84.87 - 10\log(100) = -84.87 - 10 \times 2 = -104.87$ [dBc/Hz@10kHz offset]

　ただし単位をdBc/Hzに変換する際，スペクトラム・アナライザの分解能帯域フィルタの通過特性によっては値を補正する必要があります．補正値については，スペクトラム・アナライザの製造メー

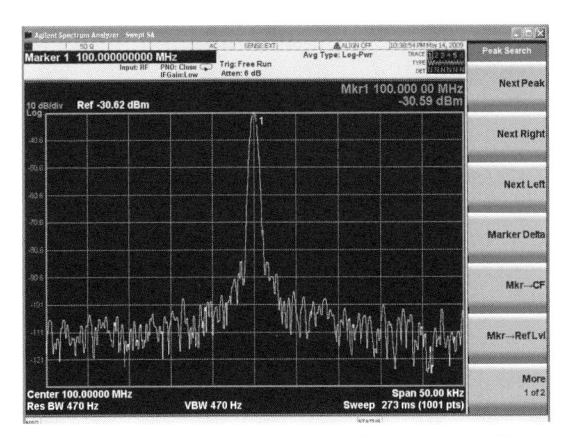

第3章 スペクトラム・アナライザを使った各種測定事例　●3-6 位相ノイズの測定

画面3.6.10　リファレンス・レベルを信号のレベルに設定

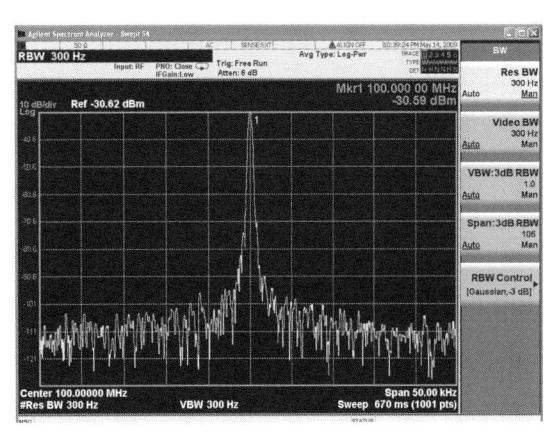

画面3.6.11　RBWの設定

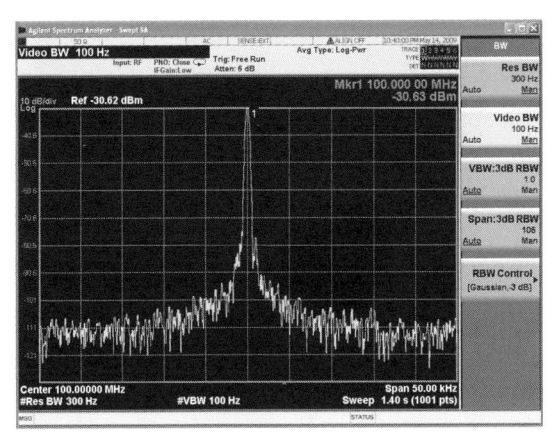

画面3.6.12　VBWの設定

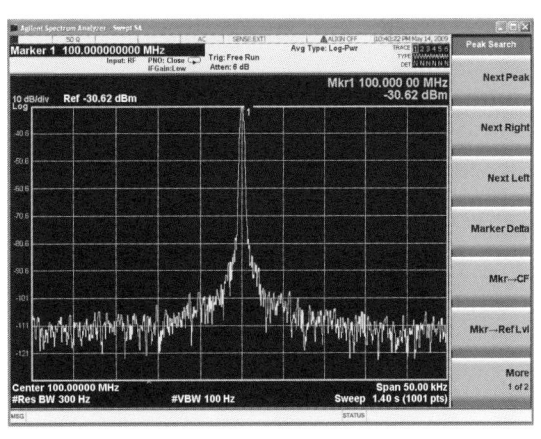

画面3.6.13　デルタ・マーカON

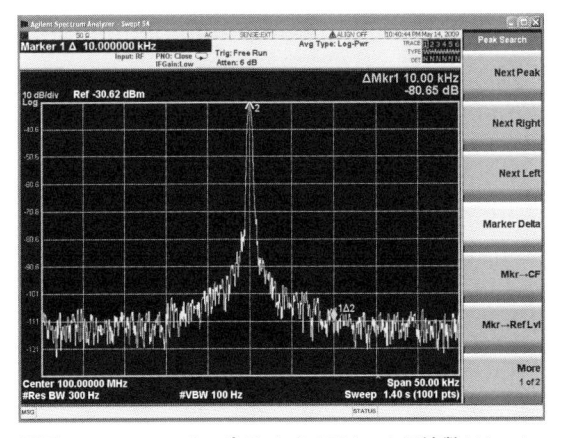

画面3.6.14　マーカ・ポイントをオフセット周波数にセット

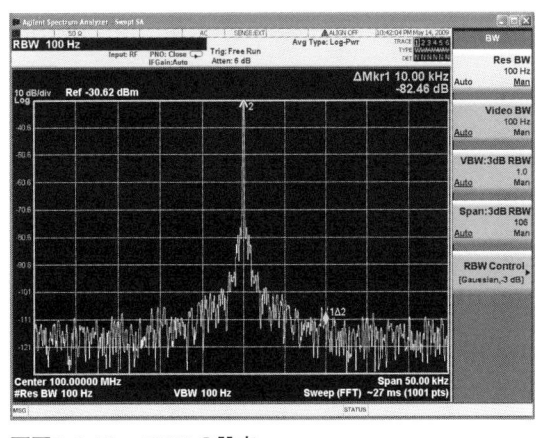

画面3.6.15　RBWの設定

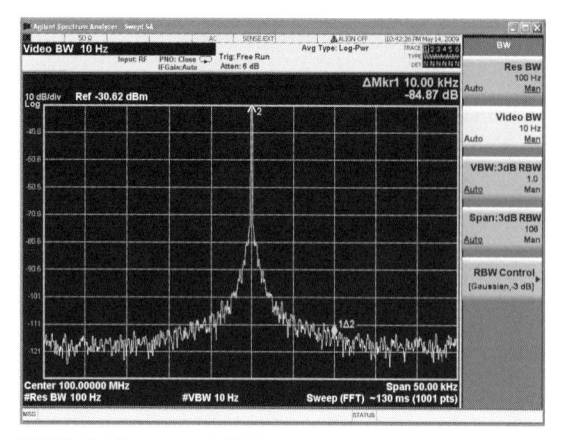

画面3.6.16　VBWの設定

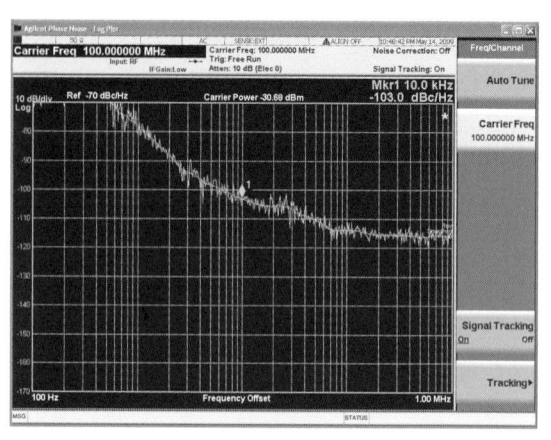

画面3.6.17　位相ノイズ測定機能

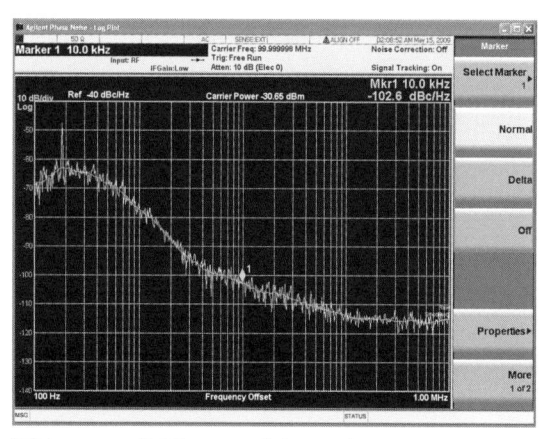

画面3.6.18　画面3.6.1の位相ノイズ

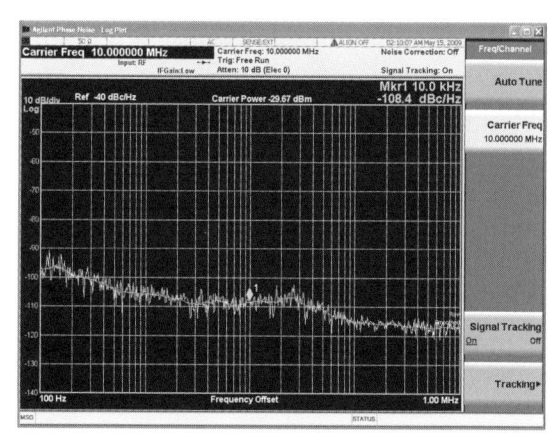

画面3.6.19　画面3.6.2の位相ノイズ

カに問い合わせることをお勧めします．

　スペクトラム・アナライザの機種によっては位相ノイズを測定するアプリケーションが搭載されていて簡単に位相ノイズの測定ができます．今回使用したスペクトラム・アナライザ N9020A のアプリケーションを使って上記例を測定すると－103.0dBc/Hz@10kHz offsetと求められました（**画面3.6.17**）．この値は⑫の計算で求められた値とほぼ一致しています．

　アプリケーションを使って**画面3.6.1**と**図3.6.2**の位相ノイズを測定した結果を示します（**画面3.6.18**，**画面3.6.19**）．またスペクトラム・アナライザ N9320B にも位相ノイズを求める機能が搭載されています（**画面3.6.20**）．

　このようにいくつか注意点はありますが，スペクトラム・アナライザを使用することで簡単に位相ノイズを測定することができます．

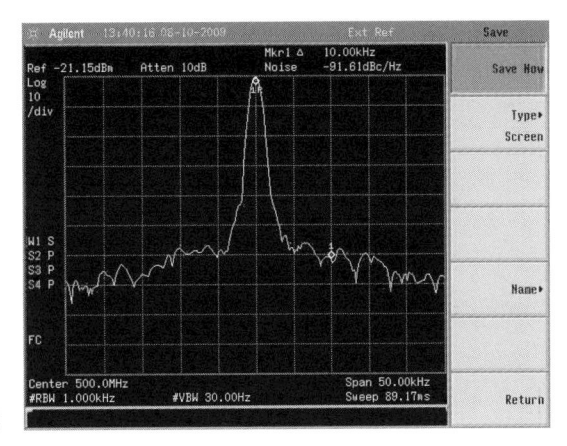

画面3.6.20
スペクトラム・アナライザ N9320B の位相ノイズ測定

3-7 IMDの測定

IMD (Inter Modulation Distortion) とは，「混変調ひずみ」のことです．

増幅器やミキサなどが理想的特性ならば周波数の近い二つの信号を同時に入力しても出力は二つだけですが，実際にはひずみが発生するために混変調と呼ばれる現象が発生し，二つの信号以外に多数の信号が発生します（図3.7.1，表3.7.1）．

混変調による信号が発生する周波数は，式（3.7.1）で計算できます．

$$f = m \times f_1 \pm n \times f_2 \ (m, \ n = 1, \ 2, \ 3, \ 4, \ \cdots) \tag{3.7.1}$$

f：混変調波発生周波数　　f_1, f_2：入力信号の周波数

混変調により多数発生する信号のなかで $m = 2$，$n = 1$ になる周波数に発生する信号を3次混変調波と呼び，この値を測定することで被測定物の特性を知ることができます．

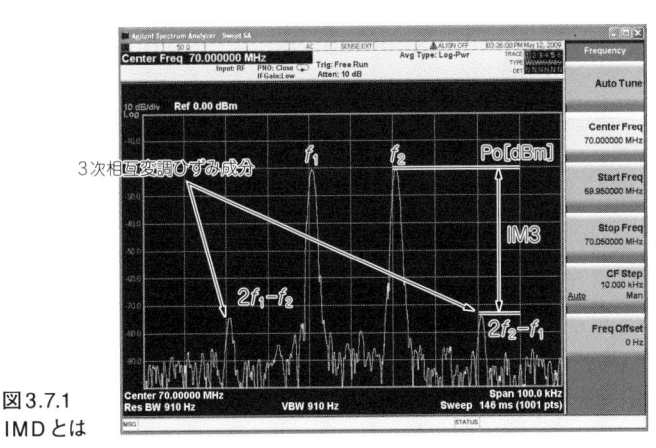

図3.7.1
IMDとは

f_1, f_2：入力信号の周波数
$2f_1-f_2$, $2f_2-f_1$：3次相互変調ひずみ成分
IM3：3次混変調ひずみ

表3.7.1 混変調により発生する信号

次数	成分	名称
1次	f_1, f_2	基本波
2次	$2f_1$, $2f_2$	基本波の2次高調波
	$f_1 + f_2$	基本波の和
	$f_1 - f_2$	基本波の差
3次	$3f_1$, $3f_2$	基本波の3次高調波
	$2f_1 - f_2$	3次高調波ひずみ
	$2f_2 - f_1$	3次高調波ひずみ
	$2f_2 + f_1$	基本波3次高調波のひずみ
	$2f_1 + f_2$	基本波3次高調波のひずみ

次数	成分	名称
4次	$4f_1$, $4f_2$	基本波の4次高調波
	$3f_1 - f_2$	基本波の2次高調波のひずみ
	$3f_2 - f_1$	基本波の2次高調波のひずみ
	$2f_1 + 2f_2$	基本波の4次高調波のひずみ
	$2f_1 - 2f_2$	差の成分の2次高調波
5次	$5f_1$, $5f_2$	基本波の5次高調波
	$4f_1 \pm f_2$	—
	$3f_1 \pm 2f_2$	—
	$3f_2 \pm 2f_1$	—
	$4f_2 \pm f_1$	—

$$f = 2f_1 - f_2 \qquad (3.7.2)$$
$$f = 2f_2 - f_1 \qquad (3.7.3)$$

被測定機器とスペクトラム・アナライザの接続

被測定機器とスペクトラム・アナライザは,図3.7.2,図3.7.3のように接続します.被測定物はミキサでもアンプでも測定できますが,アンプの場合には増幅後の電力がスペクトラム・アナライザの耐電力を超えることがないように注意してください.

ここでは被測定物にDBM(Double Balanced Mixer)を使用します.

信号源1(SSG1)の周波数20.01 MHz,レベル−10 dBmの信号と信号源2(SSG2)の周波数19.99 MHz −10 dBmの信号をハイブリッドで合成してミキサのINに供給します.

ミキサのLoには50 MHzの信号を供給するので,出力には70.01 MHzと69.99 MHzの信号が現れます(**画面3.7.1**,**画面3.7.2**).

その左右に発生した信号が3次混変調波です(**画面3.7.3**).

この周波数を式(3.7.2),式(3.7.3)に当てはめて計算すると,3次混変調波の周波数を計算できます.

$$f = 2 \times 70.01 - 69.99 = 70.03 \,[\text{MHz}]$$
$$f = 2 \times 69.99 - 70.01 = 69.97 \,[\text{MHz}]$$

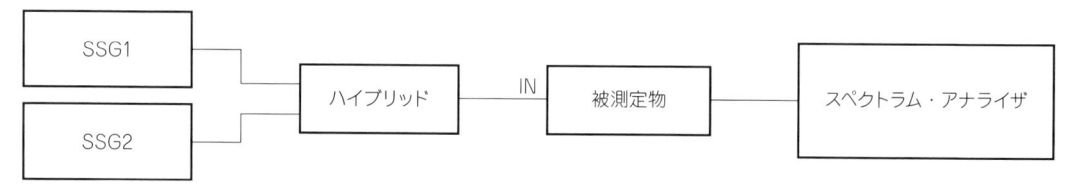

図3.7.2 被測定機器とスペクトラム・アナライザの接続

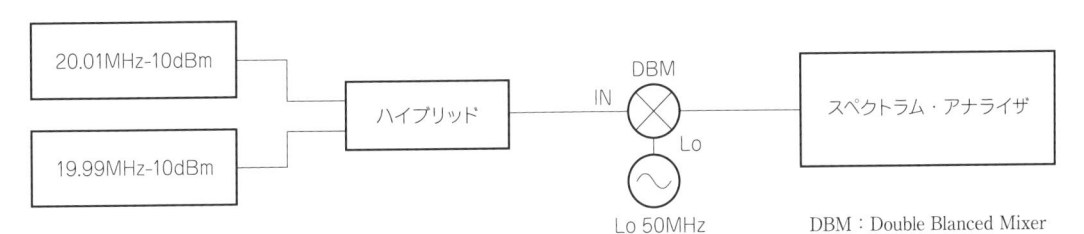

第3章 スペクトラム・アナライザを使った各種測定事例 ● 3-7 IMDの測定

図3.7.3 被測定機器とスペクトラム・アナライザの接続（今回はDBMを測定）

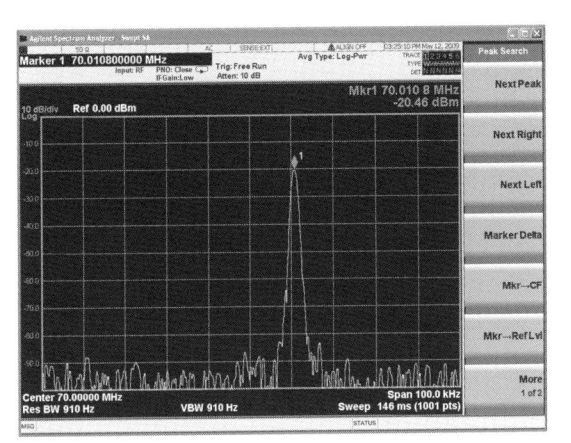

画面3.7.1　70.01MHzのスペクトラム

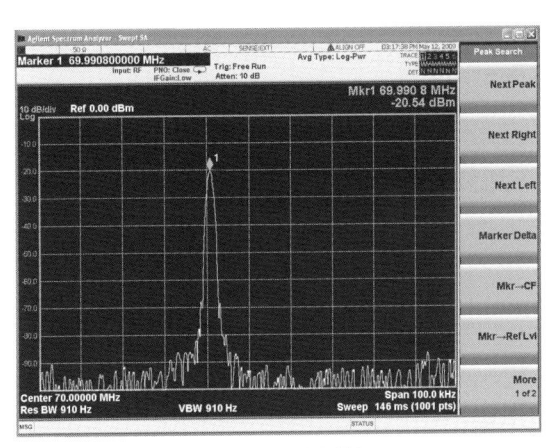

画面3.7.2　69.99MHzのスペクトラム

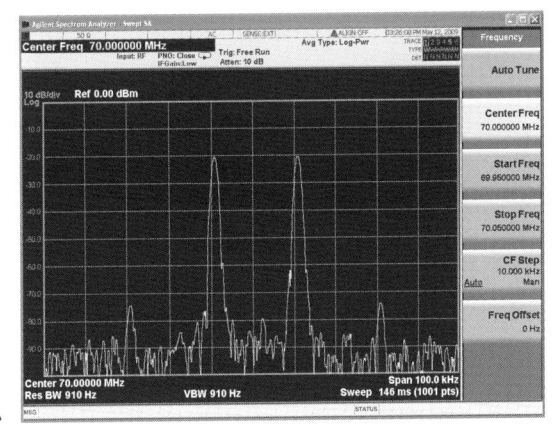

画面3.7.3　2波合成時のスペクトラム

混変調ひずみの測定手順

　混変調ひずみの測定手順を次に示します（キー操作は省略）.
① 初期画面（**画面3.7.4**）

77

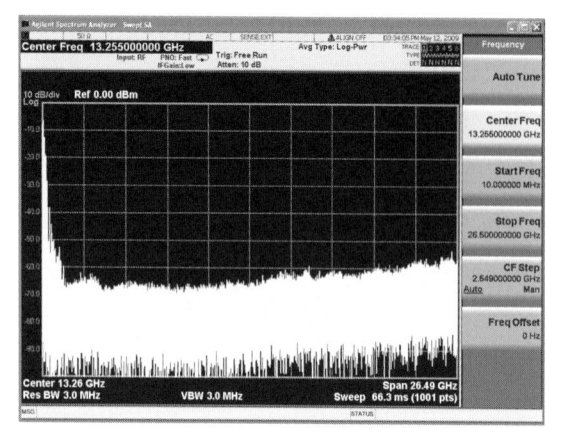

画面3.7.4　初期画面

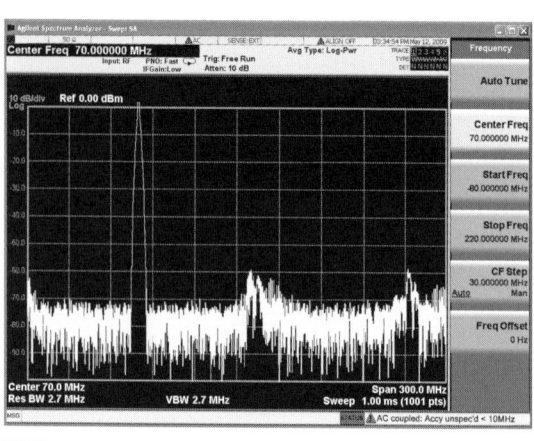

画面3.7.5　センタ周波数設定

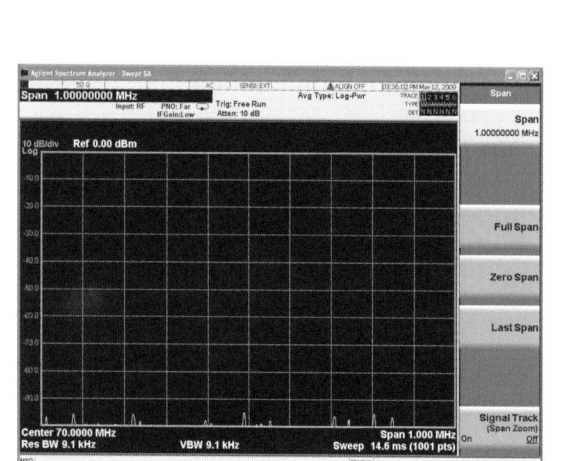

画面3.7.6　スパン周波数設定

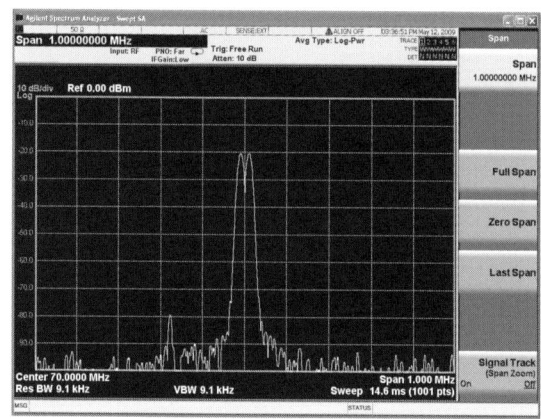

画面3.7.7　信号入力

② センタ周波数を70MHzに設定（**画面3.7.5**）
③ スパン周波数を1MHzに設定（**画面3.7.6**）
④ 信号を入力してスペクトラムを確認（**画面3.7.7**）
⑤ 2信号が分離して表示されるようにスパン周波数とRBWを適切な値に設定（**画面3.7.8**）
⑥ マーカをONにしてマーカ・ポイントをどちらかの基本波のレベル・ピークにセット（**画面3.7.9**）
⑦ デルタ・マーカON（**画面3.7.10**）
⑧ マーカ・ポイントを3次混変調波に合わせて基本波とのレベル差を測定（**画面3.7.11**）

測定時の注意

　測定方法は簡単ですが，正確に測定するためには注意すべき項目があります．

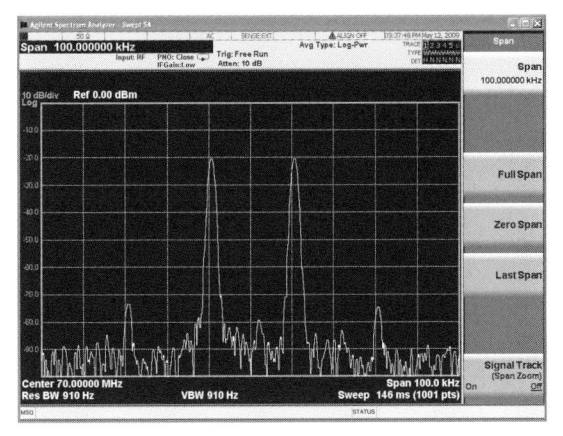

第3章　スペクトラム・アナライザを使った各種測定事例　●3-7 IMDの測定

画面3.7.8　スパンとRBWを設定

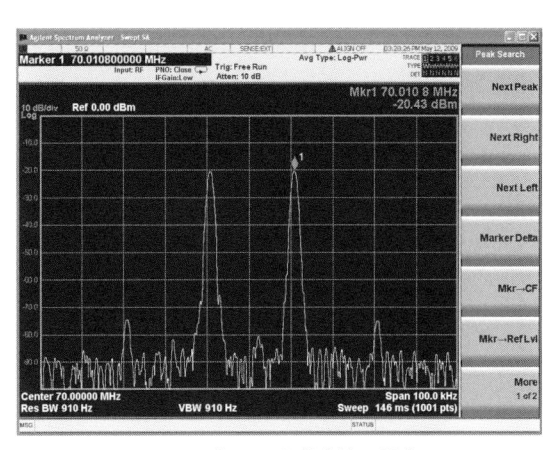

画面3.7.9　マーカ・ポイントを基本波に設定

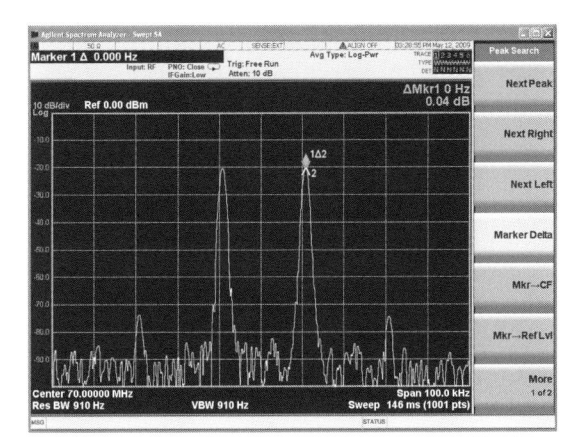

画面3.7.10　デルタ・マーカON

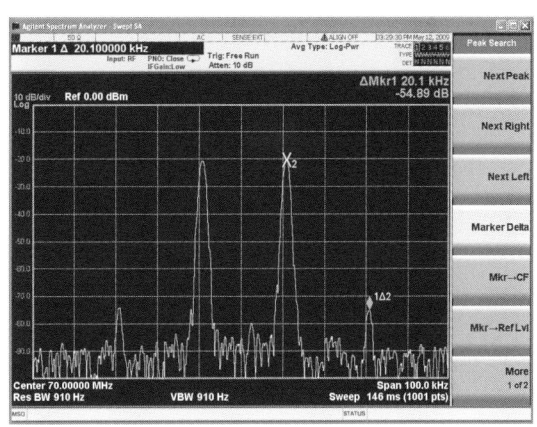

画面3.7.11　IMD測定

　いちばん気をつけなければならないことは測定系でひずみを出さないことです．使用するスペクトラム・アナライザ自身が低ひずみで十分なダイナミック・レンジをもつことはもちろん，入力する二つの信号もひずみが少ない純度の高い信号が必要です．
　2信号を合成するハイブリッドはひずみを起こしにくい構造のものを使うことと，それ以上に2信号のアイソレーションが確保できることが大切です．
　さらに測定精度を向上させるためには測定器と被測定物を図3.7.4のように接続します．
　整合PADを各部に挿入することにより，インピーダンスのマッチング精度を高めます．アイソレータは2台の信号源がお互いに与える影響を低減します．
　スペクトラム・アナライザに入力する信号は，測定できる範囲でできるだけレベルを下げることでスペクトラム・アナライザ内部で発生するひずみを抑えることができます．

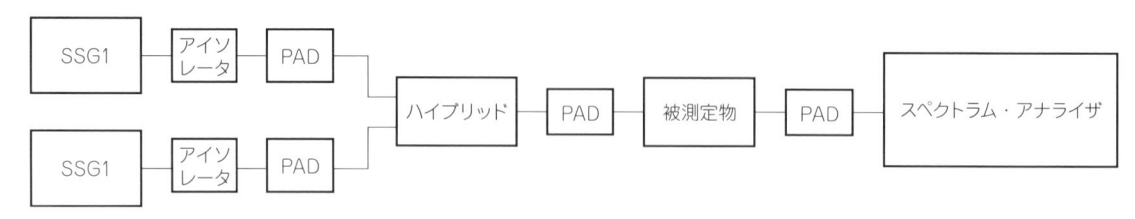

図3.7.4　測定精度を高めた被測定機器とスペクトラム・アナライザの接続

3-8　SSB送信機のIMDの測定

　SSB（Single Side Band；抑圧搬送波単側波帯）はAM波の一種です．

　AM波から搬送波と片側の側波帯を削除した電波で，同じベースバンド情報を伝送するのにAM波に比べ占有周波数帯域が半分，高周波パワーが1/4と通常のAM波と比較して高効率ですが，送受信回路ともに複雑な回路が必要になります．アマチュア無線や短波帯の通信に使用されています．

　SSB波は情報（音声）が入力されると信号が発生するため，応答性と直線性のよい増幅器やミキサが必要になります．そのためミキサなどと同じくIMD（Inter Modulation Distortion；混変調ひずみ）を用いて性能を評価します．

　測定はSSB送信機の低周波入力に周波数の異なる二つの低周波ツートーン（Two-Tone）信号を加えて，その送信信号を観測します．

　ツートーン信号は一般的には1000Hzと1575Hzの信号が使用されますが，スペクトラム・アナライザの分解能が足りない場合は500Hzと2000Hzでも測定可能です．

　今回は500Hzと2000Hzで測定を行っています．

　画面3.8.1に500Hz，画面3.8.2に2000Hzシングル・トーンの波形を，画面3.8.3にツートーンの

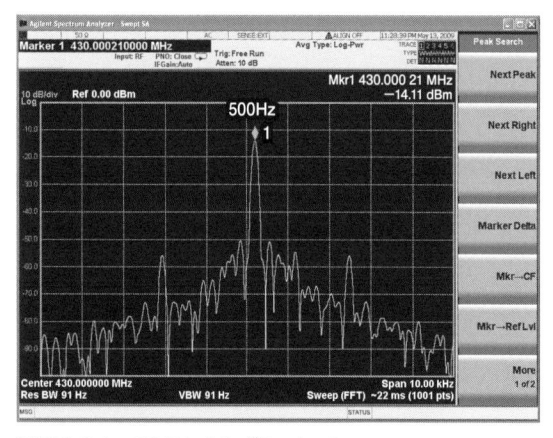

画面3.8.1　500Hz シングル・トーン

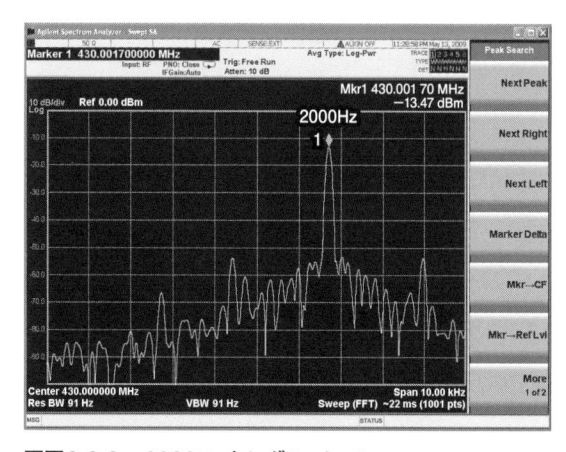

画面3.8.2　2000Hz シングル・トーン

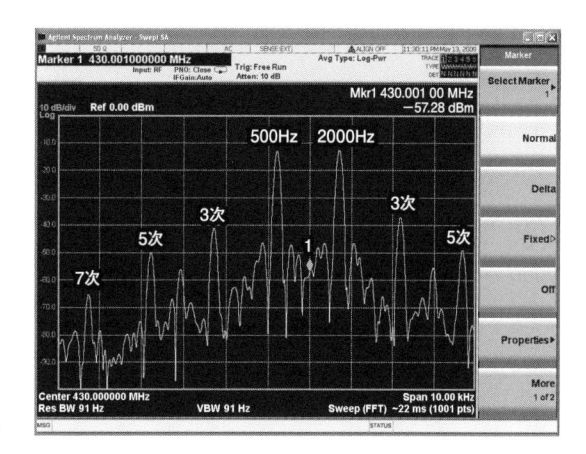

画面3.8.3
500Hzと2000Hzのツートーン

波形を示します．ツートーンになることでひずみが発生することが分かります．

被測定機器とスペクトラム・アナライザの接続

被測定機器とスペクトラム・アナライザは，図3.8.1のように接続します．くれぐれもスペクトラム・アナライザへの過大入力には注意してください．

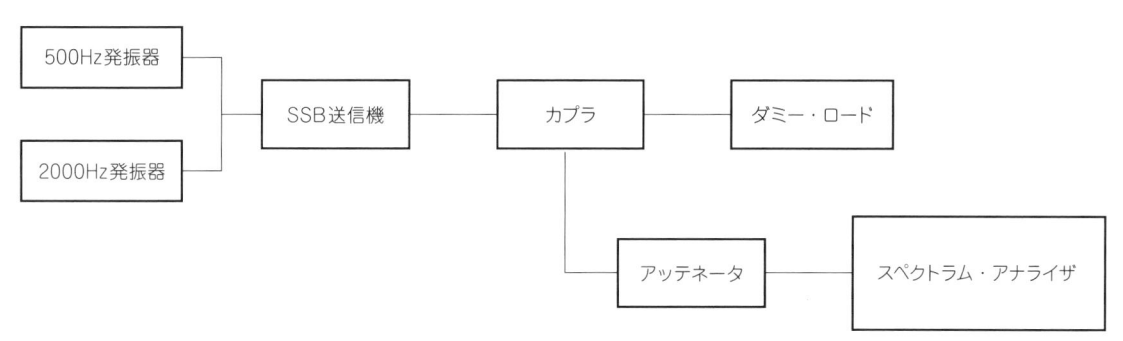

図3.8.1　被測定機器とスペクトラム・アナライザの接続

SSB送信器のIMD測定手順

測定の手順を次に示します（キー操作は省略）．
① ハード・キーの周波数キー（FREQ Channel）で周波数設定画面を呼び出し，ソフト・キーでセンタ周波数を選択する．現在のセンタ周波数が表示される（**画面3.8.4**）
② センタ周波数を設定（**画面3.8.5**）
③ スパン周波数を設定（**画面3.8.6**）
④ トーンを入力せずに送信（**画面3.8.7**）

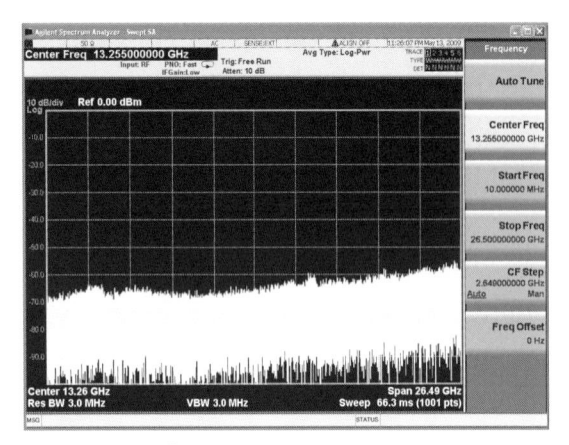

画面3.8.4　初期画面

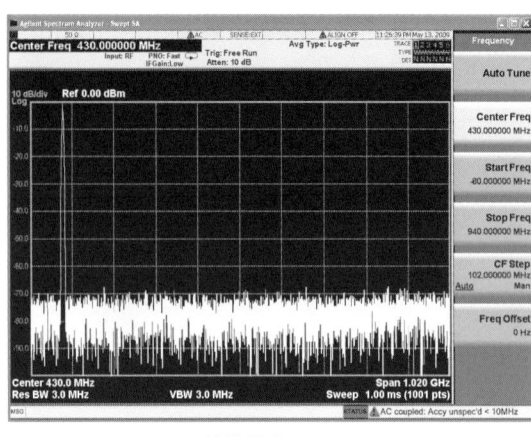

画面3.8.5　センタ周波数設定

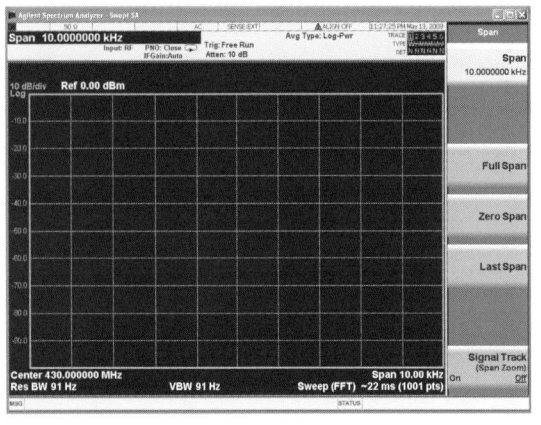

画面3.8.6　スパン周波数設定

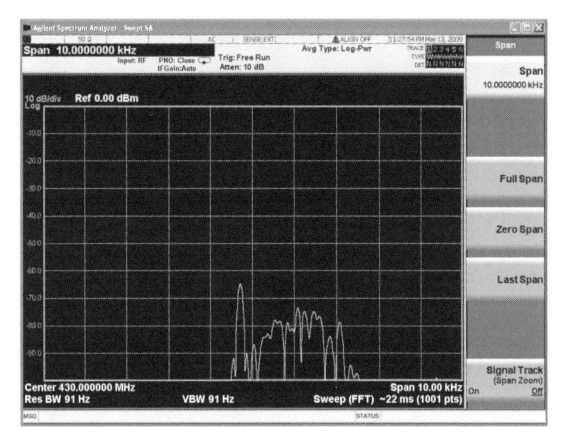

画面3.8.7　無変調波送信

⑤ 500Hzシングル・トーン変調（**画面3.8.8**）
⑥ 2000Hzシングル・トーン変調（**画面3.8.9**）
⑦ ツートーン変調（**画面3.8.10**）
⑧ ツートーンの信号の中間にマーカ・ポイント・セット（**画面3.8.11**）
⑨ ソフト・キー［Mkr → CF］でトーンとトーンの間をセンタにセット（**画面3.8.12**）
⑩ デルタ・マーカでIMDを測定（**画面3.8.13**）

　ツートーン信号のレベルは送信機のALC（Automatic Level control；自動レベル調整）が動作しないぎりぎりの所にセットします．レベルが低すぎると正しく変調がかかりません（**画面3.8.14**）．レベルが高すぎると全体的に飽和して正しく測定できません（**画面3.8.15**）．

　ツートーン信号のレベルが不揃いだと3次混変調波の左右レベルが不揃いになり，どちらが正しいレベルか分からなくなります（**画面3.8.16**）．

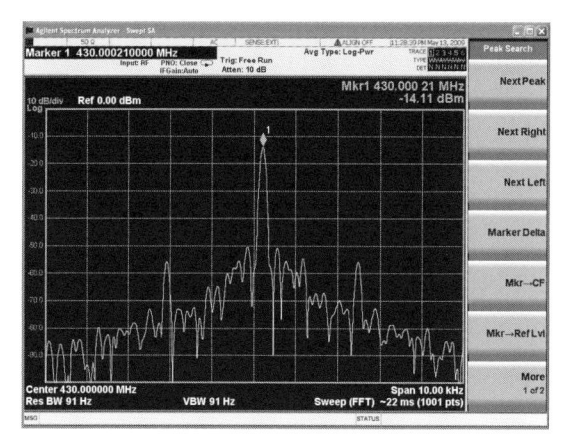

第3章 スペクトラム・アナライザを使った各種測定事例 ● 3-8 SSB送信機のIMDの測定

画面3.8.8　500Hzシングル・トーン変調

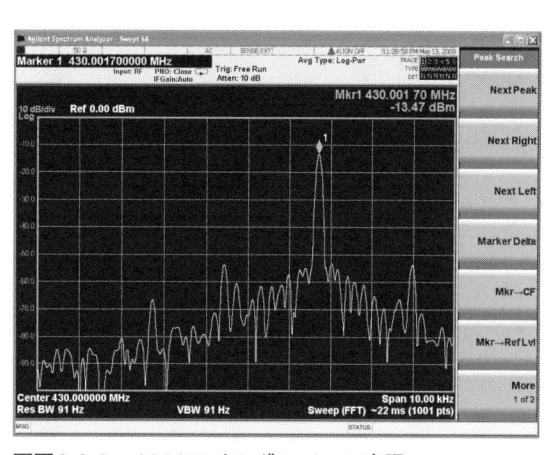

画面3.8.9　2000Hzシングル・トーン変調

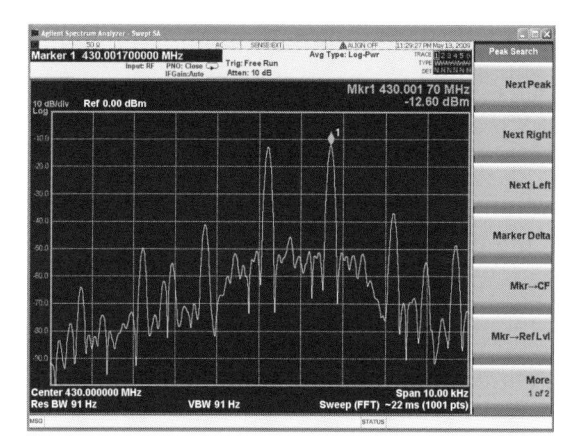

画面3.8.10　ツートーン変調

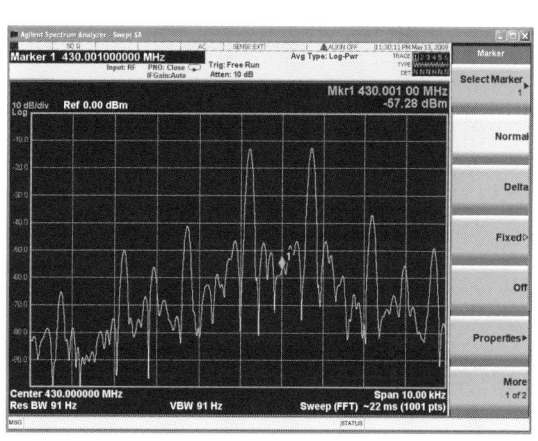

画面3.8.11　ツートーンの間にマーカ・ポイントをセット

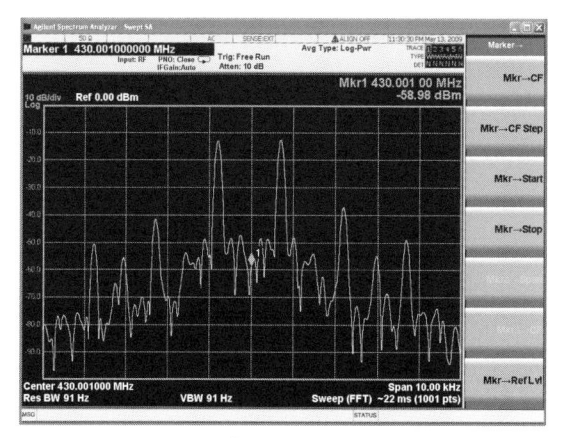

画面3.8.12　マーカ・ポイントをセンタ周波数にセット

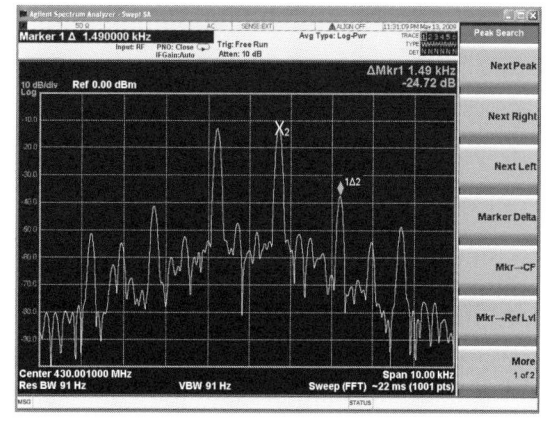

画面3.8.13　デルタ・マーカを使用してIMDを測定

83

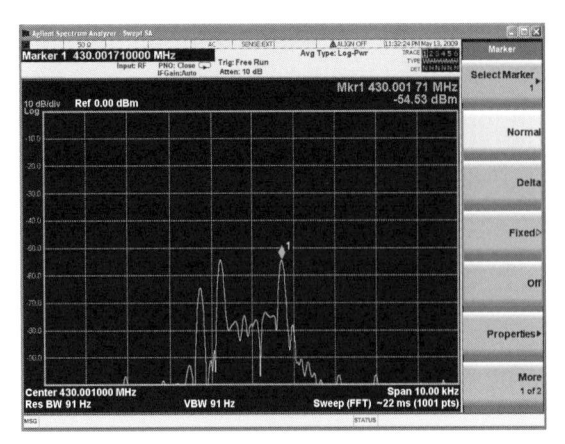

画面3.8.14　ツートーンのレベルが低い

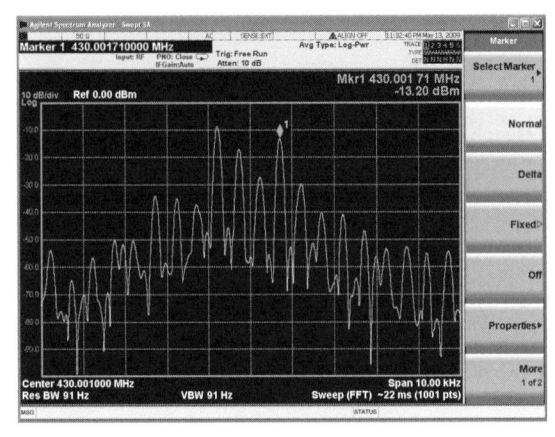

画面3.8.15　ツートーンのレベルが高すぎる

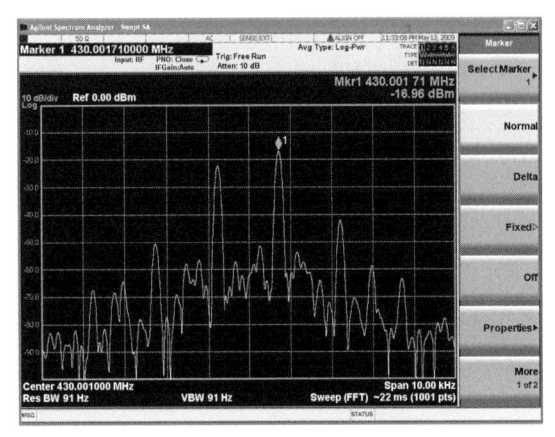

画面3.8.16　ツートーンのレベルが揃っていない

測定時の注意

　測定に使用するツートーン低周波発振器はひずみの少ない信号を使用します．低周波信号にひずみが多いと正しい測定ができません．

　ツートーン信号での出力はシングル・トーンでの出力より6dB低くなります．送信機の出力比でIMDを求める際は測定値に6dB加えます．

3-9 周波数変動の測定

スペクトラム・アナライザのトレース機能を使用して発振器の周波数変動が測定できます（図3.9.1）．

被測定機器とスペクトラム・アナライザの接続

被測定機器とスペクトラム・アナライザは図3.9.2のように接続します．

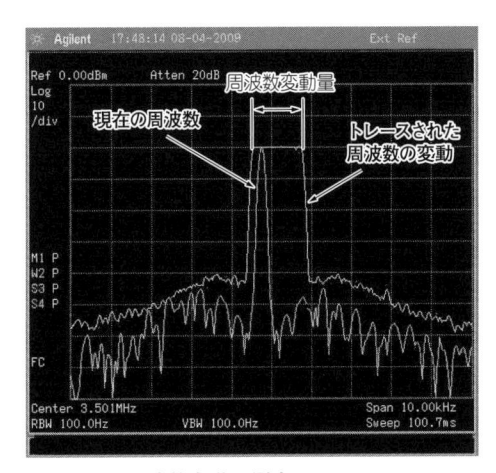

図3.9.1　周波数変動の測定

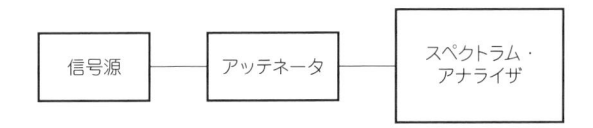

図3.9.2　被測定機器とスペクトラム・アナライザの接続

周波数変動の測定手順

次に測定手順を説明します（パネル3.9.1）．
① 初期画面に設定（画面3.9.1）．ハード・キー［Preset/System］（☞1.1）→［Preset］（☞1.2）
② スタート周波数，ストップ周波数を設定（画面3.9.2）．ハード・キー［Frequency］（☞1.3）→ソフト・キー［Start Freq］（☞1.4）→テン・キー［0］（☞1.6）→ソフト・キー［MHz］（☞1.4）でスタート周波数を0Hzに設定．ハード・キー［Frequency］（☞1.3）→ソフト・キー［Stop Freq］（☞1.5）→テン・キー［1］［0］（☞1.6）→ソフト・キー［MHz］（☞1.4でストップ周波数を10MHzに設定（画面3.9.2）
③ マーカ・ポイントを目的信号にセット（画面3.9.3）．ハード・キー［Peak Search］（☞1.7）
④ 目的信号をセンタ周波数に設定（画面3.9.4）．ハード・キー［Maker］（☞1.8）→ソフト・キー［Mkr→CF］（☞1.2）
⑤ スパン周波数を10kHzに設定（画面3.9.5）．ハード・キー［SPAN］（☞1.9）→ソフト・キー［SPAN］（☞1.2）→テン・キー［1］［0］（☞1.6）→ソフト・キー［kHz］（☞1.5）

85

⑥ Max HoldをON（画面3.9.6）．ハード・キー［View/Trace］（☝1.10）→ ソフト・キー［Max Hold］（☝1.5）
⑦ Trace2をON（画面3.9.7）．ハード・キー［View/Trace］（☝1.10）→ ソフト・キー［Select Trace］（☝1.2）→［Trace2］（☝1.4）→［Clear Write］（☝1.4）
⑧ この状態で一定時間待つとTrace1が周波数の変位をトレースする（画面3.9.8）
⑨ マーカ・ポイントをTrace1の左角の部分にセットする（画面3.9.9）．ハード・キー［Maker］（☝1.11）→ ダイヤル・ノブ（☝1.12）
⑩ デルタ・マーカをON（画面3.9.10）．ハード・キー［Maker］（☝1.11）→ ソフト・キー［Delta］（☝1.5）→［ON］（☝1.2）

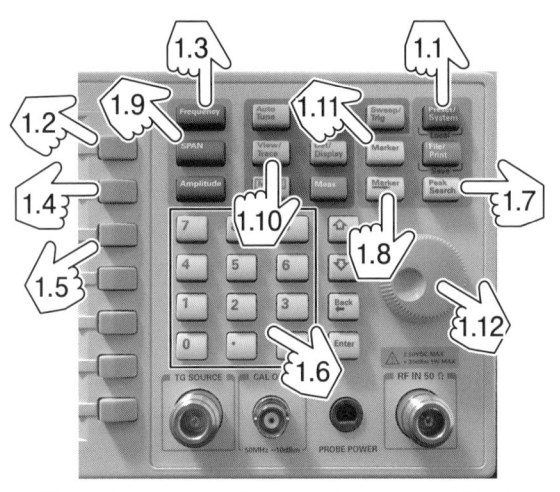

パネル3.9.1　Preset/System, Frequency, テン・キー, Peak Search, Maker→, SPAN, View/Trace, ダイヤル・ノブの位置とソフト・キー

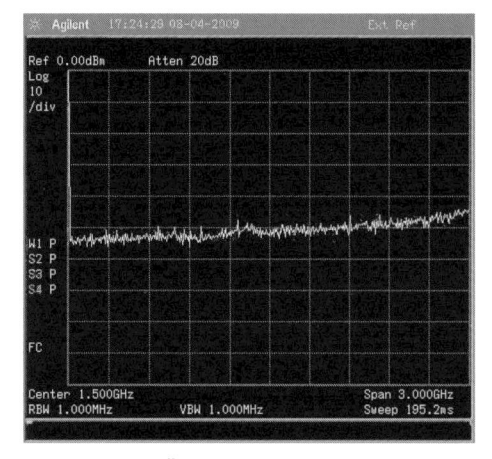

画面3.9.1　初期画面

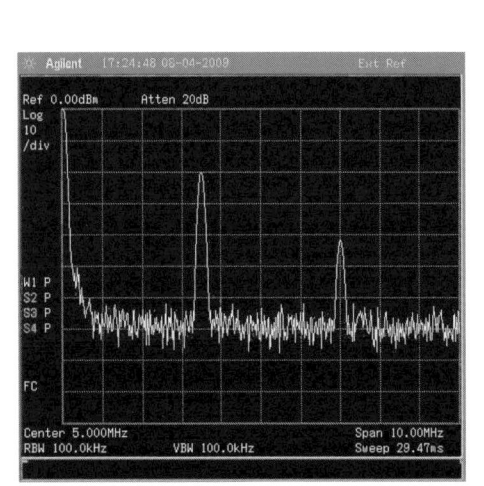

画面3.9.2　スタート/ストップ周波数設定

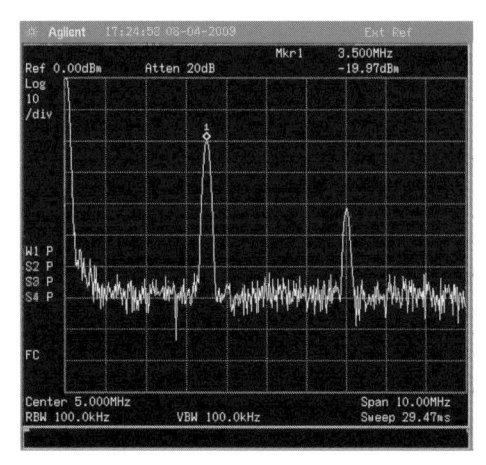

画面3.9.3　マーカ・ポイントを目的信号にセット

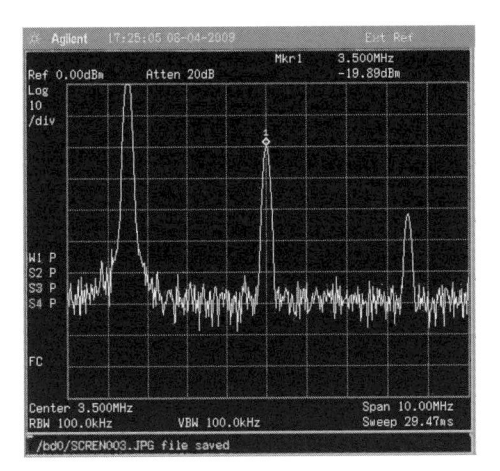

画面3.9.4　目的信号をセンタ周波数にセット

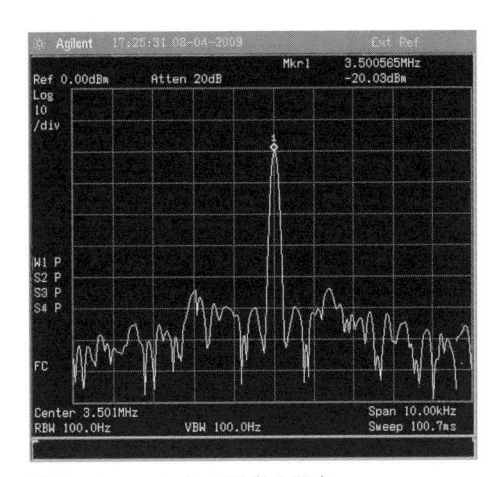

画面3.9.5　スパン周波数を設定

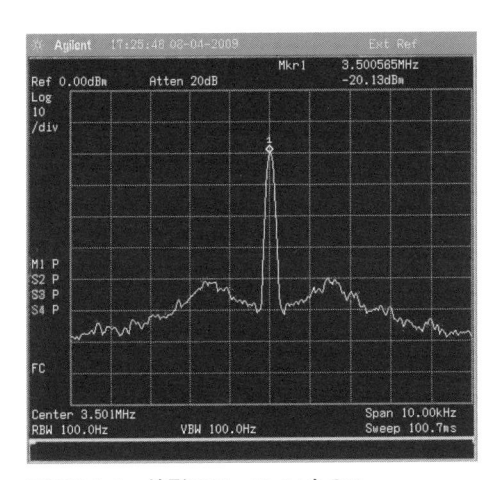

画面3.9.6　波形のMaxHoldをON

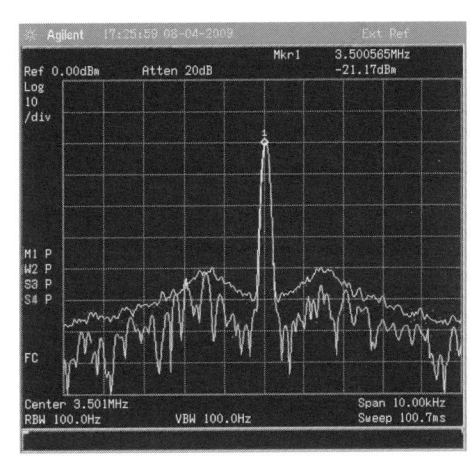

画面3.9.7　トレース2をON

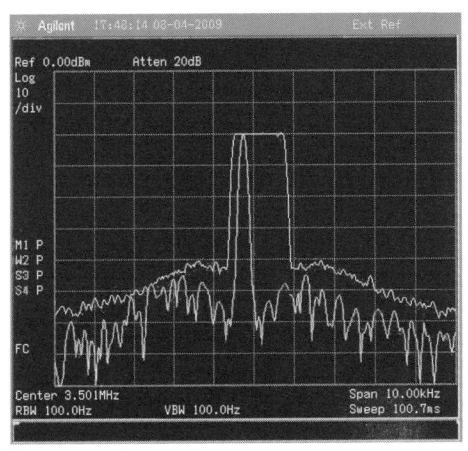

画面3.9.8　一定時間経つと変位量がトレースされる

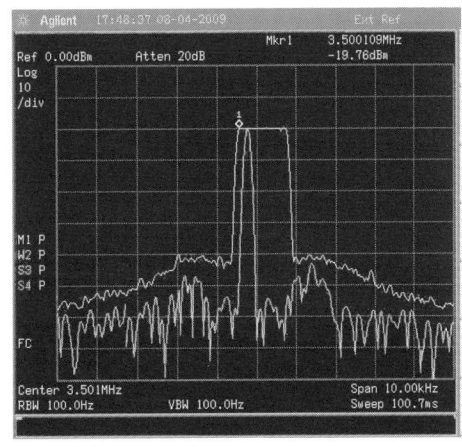

画面3.9.9　マーカ・ポイントをトレース1の左肩部分にセット

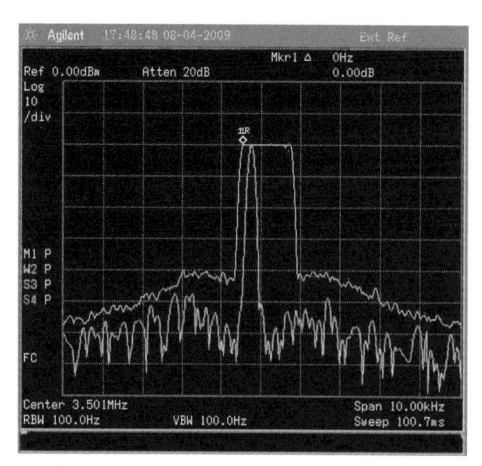

画面3.9.10　デルタ・マーカON 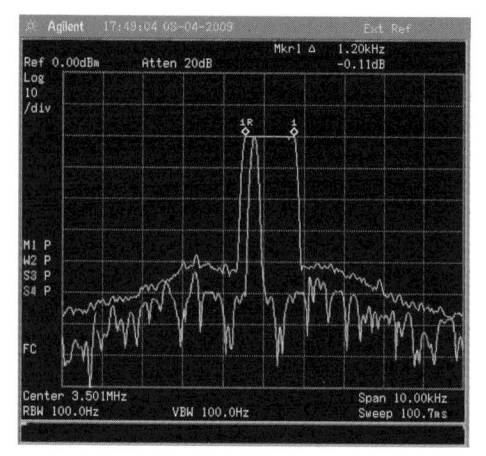　　　　　　　　　画面3.9.11　マーカ・ポイント移動して変位量を測定

⑪ デルタ・マーカのマーカ・ポイントをTrace1の右肩の部分にセットし，周波数変動量を読み取る（**画面3.9.11**）

　周波数変動量が少ない場合にはスパンを狭めて，反対に大きすぎる場合にはスパンを広げて調整します．被測定信号の周波数変動よりもスペクトラム・アナライザの周波数変動が少ない必要があります．

第4章
トラッキング・ジェネレータを使った測定事例

　トラッキング・ジェネレータをスペクトラム・アナライザと組み合わせて使用すると，ネットワーク測定を行うことができます．ネットワーク測定とは，信号をデバイス/システムの入力に印加し，その出力を観測することで応答特性を測定することです．

　ネットワーク測定には被測定物に信号を与える信号源と，被測定物の出力信号を解析する測定器が必要です．主に高周波回路網の通過・反射電力の周波数特性を測定するネットワーク・アナライザやスペクトラム・アナライザとトラッキング・ジェネレータの組み合わせで測定されます．この場合，信号源がトラッキング・ジェネレータ，出力信号を解析する装置がスペクトラム・アナライザになります．

　伝達特性はスペクトラム・アナライザとトラッキング・ジェネレータを使用することで測定できます．位相情報が必要な場合には，ネットワーク・アナライザを使用する必要があります．

4-1 トラッキング・ジェネレータとスペクトラム・アナライザの関係

　トラッキング・ジェネレータとスペクトラム・アナライザの関係は図4.1.1のようになります．
　トラッキング・ジェネレータはスペクトラム・アナライザ本体の掃引発振器の信号と，スペクトラム・アナライザの第1中間周波数と同じ周波数の信号をミキサで混合し出力します．

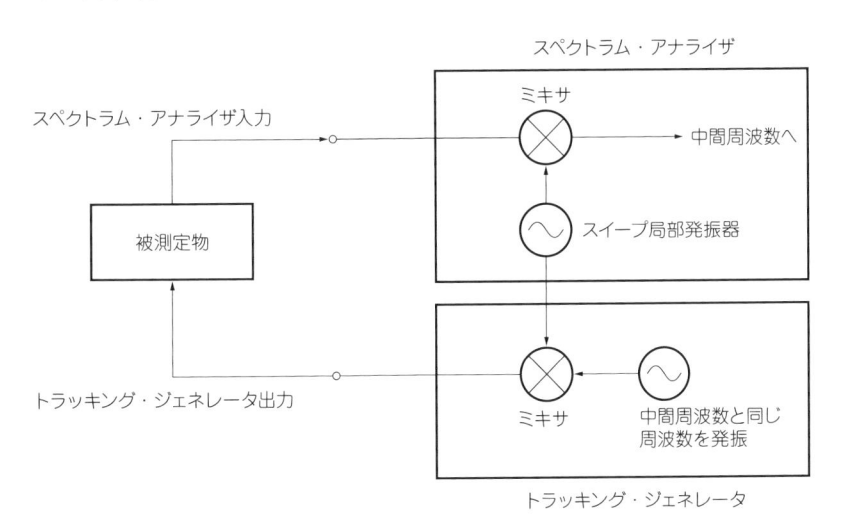

図4.1.1　トラッキング・ジェネレータの原理

スペクトラム・アナライザでは，入力された信号と掃引発振器の信号をミキサで混合して第1中間周波数に変換します．そのためトラッキング・ジェネレータの出力周波数とスペクトラム・アナライザの受信周波数は一致するので，トラッキング・ジェネレータの出力とスペクトラム・アナライザの入力を接続すると，**画面4.1.1**に示すように横1本の線になります．

トラッキング・ジェネレータの出力とスペクトラム・アナライザの入力の間に被測定物を接続することで，**画面4.1.2**に示すように被測定物の伝達特性を測定できます．

伝送路測定には，周波数応答，リターン・ロス，損失や利得などの測定項目があります．

トラッキング・ジェネレータは，別筐体になっていてケーブルによってスペクトラム・アナライザと接続するタイプと，スペクトラム・アナライザ本体に内蔵するタイプ（**写真4.1.1**）があります．

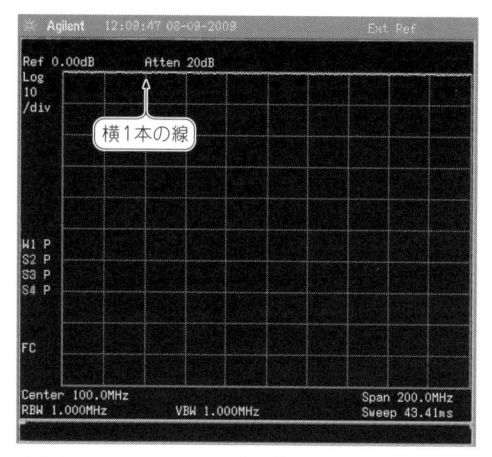

画面4.1.1　トラッキング・ジェネレータの出力とスペクトラム・アナライザの入力を直結したときの出力

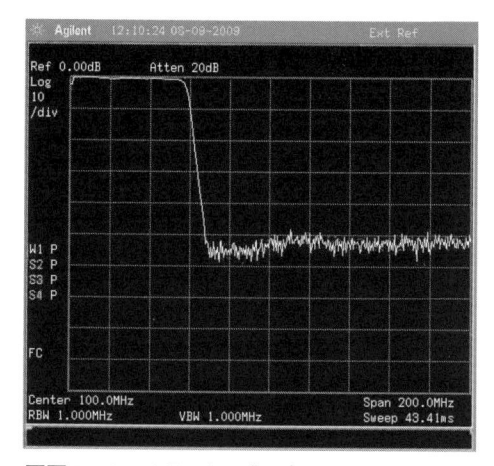

画面4.1.2　トラッキング・ジェネレータを使用した伝達特性の測定

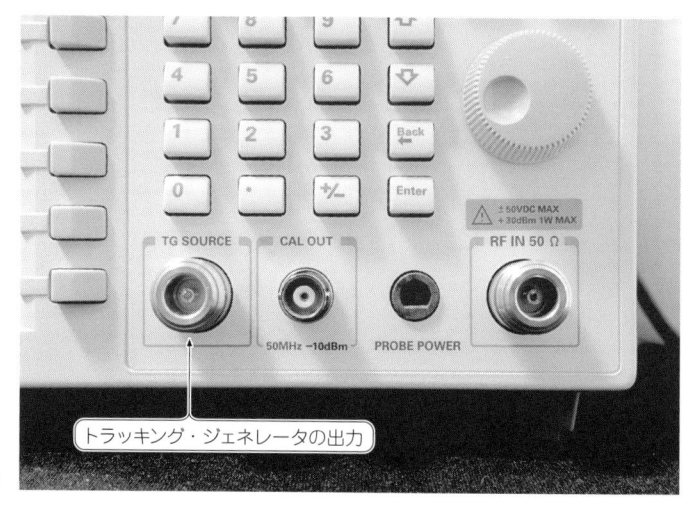

写真4.1.1
内蔵トラッキング・ジェネレータの出力

基本的にスペクトラム・アナライザとトラッキング・ジェネレータはペアになっていて，他の機種用のトラッキング・ジェネレータを使用することはできません．また，すべてのスペクトラム・アナライザにオプションとして用意されているわけではないので，機種を選択する際には注意してください．

トラッキング・ジェネレータを使用するときの注意点を次に示します．

トラッキング・ジェネレータの出力は最大0dBmほどのレベルがあるので，被測定物の耐入力には十分注意してください．耐入力の問題がなくてもアンプなどは過大入力で飽和してしまい，正しく測定できない場合があります．また，パワー・アンプの特性を測定する場合には，アンプで増幅された信号の出力レベルがスペクトラム・アナライザの耐入力を超えることがないようにします．

4-2 ノーマライズ

ノーマライズによる特性の変化

トラッキング・ジェネレータを使用して伝送特性を測定する場合，被測定物とトラッキング・ジェネレータ，スペクトラム・アナライザを接続するためのケーブルやコネクタの電気的特性も含んだ伝送特性を測定することになり，被測定物自体の測定精度が下がってしまいます．

そのため被測定物以外の伝送特性をキャンセルするために，図4.2.1に示すようにノーマライズという機能がスペクトラム・アナライザに搭載されています．ノーマライズは，スペクトラム・アナライザの波形メモリを使用して行っています．

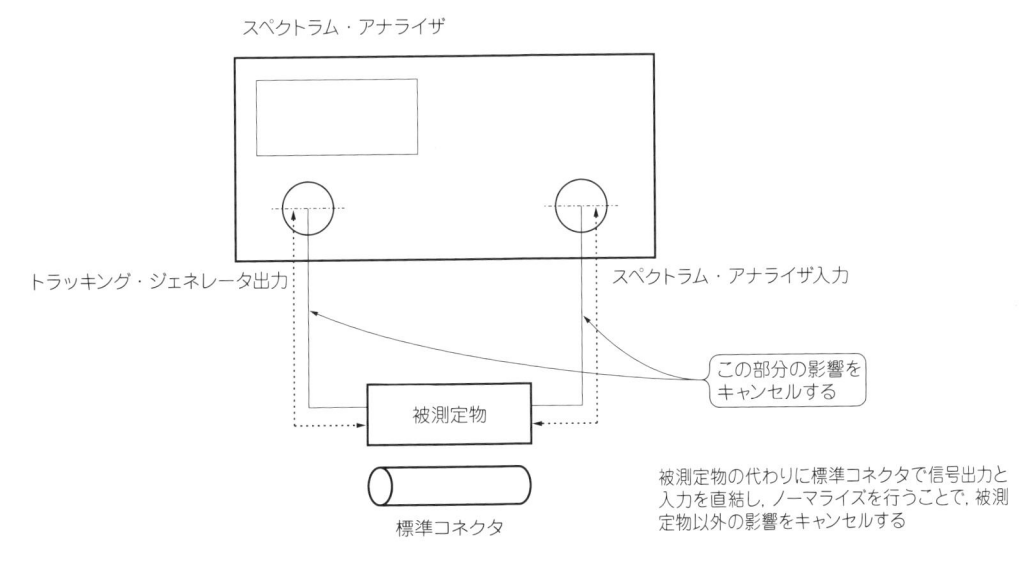

図4.2.1　ノーマライズを測定するときの被測定物とスペクトラム・アナライザの接続

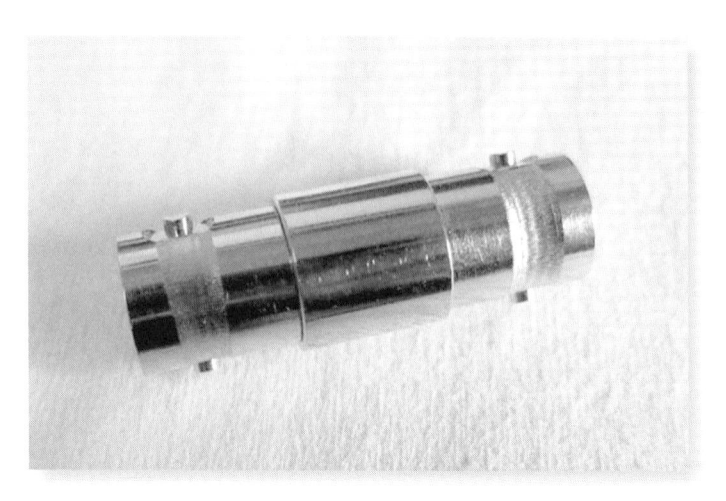

写真4.2.1
標準コネクタの例

　被測定物を標準コネクタ(写真4.2.1)と交換し,トラッキング・ジェネレータ出力(RF OUT)とスペクトラム・アナライザの入力(RF IN)を直接接続してその状態の伝送特性を波形メモリに記憶させ,測定値からメモリに記憶した波形を減算することで測定値を補正しています.標準コネクタの特性はキャンセルできないため,できるだけ損失が少ないものを使用します.
　標準コネクタでトラッキング・ジェネレータ出力(RF OUT)とスペクトラム・アナライザの入力(RF IN)を直接接続した伝送特性(ノーマライズ前)を画面4.2.1に示します〔注:分かりやすいように縦軸を1目盛り1dB(1dB/div)に設定している〕.ノーマライズ実行後の特性を画面4.2.2に示します.画面4.2.3はノーマライズ前と後を比較したものです.
　公称値4dBのアッテネータを測定し,ノーマライズ前後の結果を比較した特性を画面4.2.4に示します.このように低い周波数では影響は少ないですが,周波数が高くなると誤差が大きくなります.

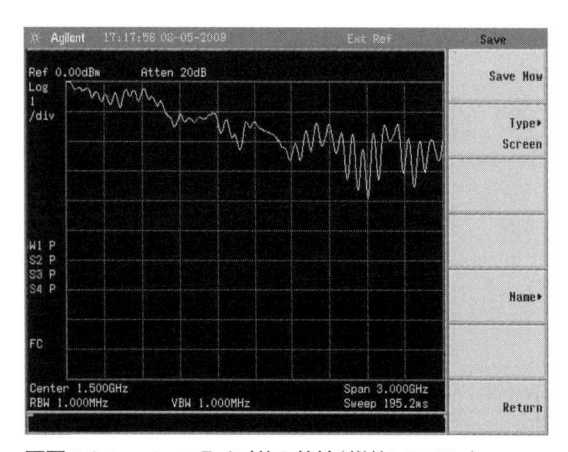

画面4.2.1　ノーマライズ前の特性(縦軸1dB/div) 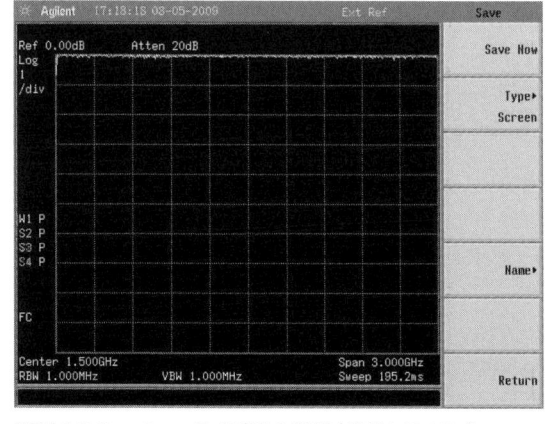　　　　画面4.2.2　ノーマライズ後の特性(縦軸1dB/div)

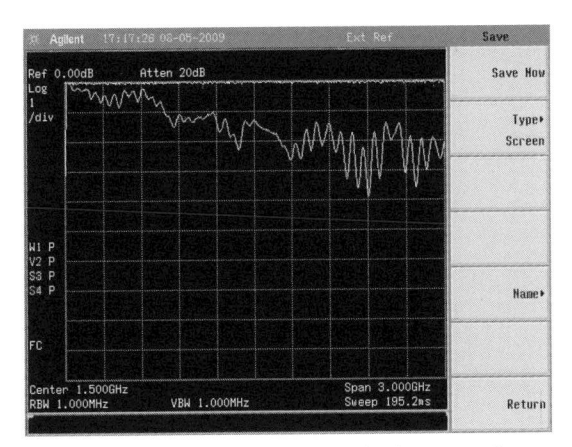

画面4.2.3 ノーマライズ前後の比較（縦軸1dB/div）

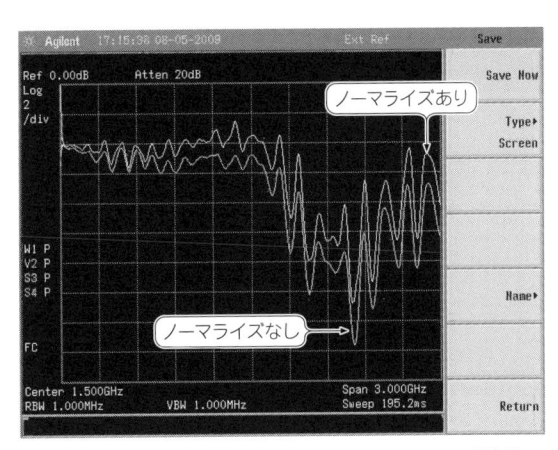

画面4.2.4 アッテネータの減衰特性ノーマライズ前後の比較（縦軸2dB/div）

ノーマライズする方法

ノーマライズする手順を次に示します（パネル4.2.1）．

① センタ周波数，スパン，バンド幅BWなどをセットする
② トラッキング・ジェネレータ出力とスペクトラム・アナライザの入力を標準コネクタで接続
③ トラッキング・ジェネレータの出力をONにする．ハード・キー［MODE］(☝1.1) → ソフト・キー［Tracking Generator］(☝1.2) → ［Amplitude TG（On）］(☝1.3)
④ 標準コネクタでRF OUTとRF INを接続した状態の波形をメモリにストアしてノーマライズをONにする．ハード・キー［MODE］(☝1.1) → ソフト・キー［Tracking Generator］(☝1.2) → ソフト・キー［More］(☝1.4) → ソフト・キー［Normalize］(☝1.5) → ソフト・キー［Store Ref（1→4）］(☝1.3) → ソフト・キー［Normalize（On）］(☝1.2)

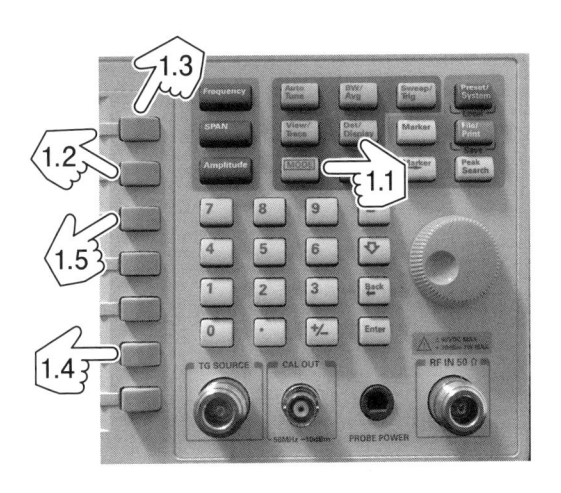

パネル4.2.1
MODEキー，ソフト・キーの位置

4-3 同軸ケーブルの損失測定

トラッキング・ジェネレータとスペクトラム・アナライザを使用して同軸ケーブルの損失を測定します．

被測定機器とスペクトラム・アナライザの接続

同軸ケーブルの場合は，図4.3.1に示すように，同軸ケーブルの両端にインピーダンスが同じコネクタ（スペクトラム・アナライザの入力コネクタと同じ種類）を付けて測定します．この場合，コネクタの損失も含んだ特性を測定するため，ノーマライズの処理は必要ありません．

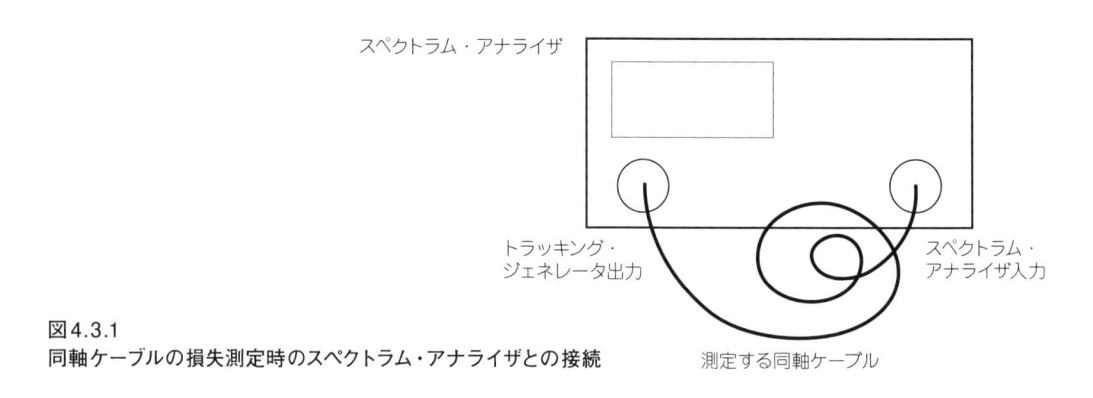

図4.3.1
同軸ケーブルの損失測定時のスペクトラム・アナライザとの接続

損失の測定手順

損失の測定手順を以下に示します（**パネル4.3.1**）．
① 初期画面（**画面4.3.1**）
② トラッキング・ジェネレータをON（**画面4.3.2**）．ハード・キー［MODE］（☝1.1）→ ソフト・キー［Tracking Generator］（☝1.2）→［Amplitude TG（On）］（☝1.3）
③ トラッキング・ジェネレータの信号レベルを0dBmに設定（**画面4.3.3**）．ハード・キー［MODE］（☝1.1）→ ソフト・キー［Tracking Generator］（☝1.2）→ ソフト・キー［Amplitude TG］（☝1.3）→ テン・キー［0］（☝1.4）→ ソフト・キー［dBm］（☝1.3）
④ マーカを使用して減衰量を測定（**画面4.3.4**）．ハード・キー［Marker］（☝1.5）
⑤ 減衰が少ないため縦軸のスケールを10dB/divから1dB/divに変更（**画面4.3.5**）．ハード・キー［Amplitude］（☝1.6）→ ソフト・キー［Scale/div］（☝1.7）→ テン・キー［1］（☝1.4）→ ソフト・キー［dB］（☝1.3）

今回は0kHzから測定上限の3GHzまでを測定しましたが，実際には必要な範囲（スパン）を指定して測定します．

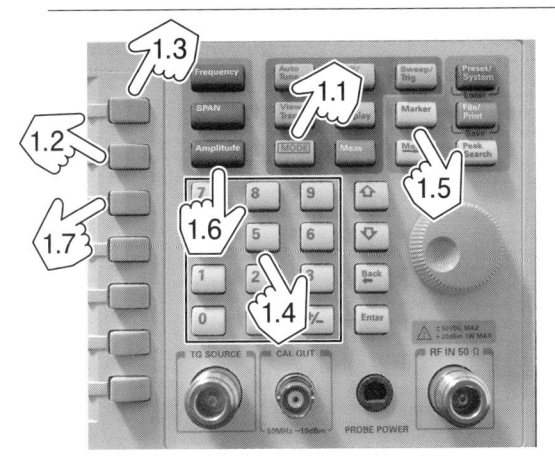

第4章 トラッキング・ジェネレータを使った測定事例 ● 4-3 同軸ケーブルの損失測定

パネル4.3.1 MODE, テン・キー, Marker, Ampletude キーの位置とソフト・キー

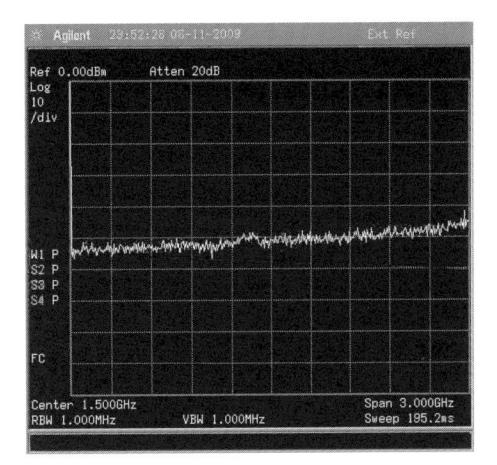

画面4.3.1 損失測定の初期画面

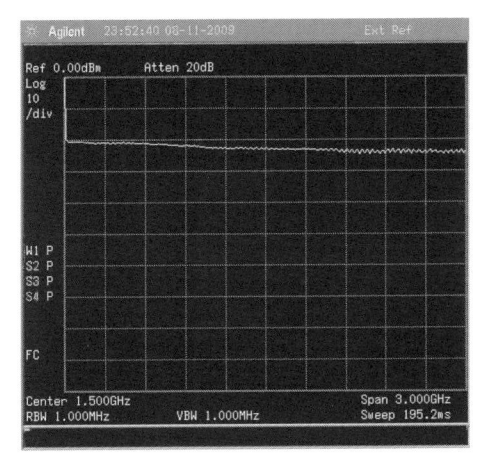

画面4.3.2 トラッキング・ジェネレータON

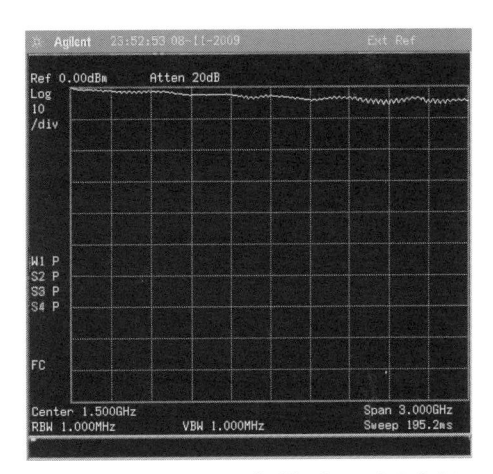

画面4.3.3 トラッキング・ジェネレータの出力レベルを0dBmに設定

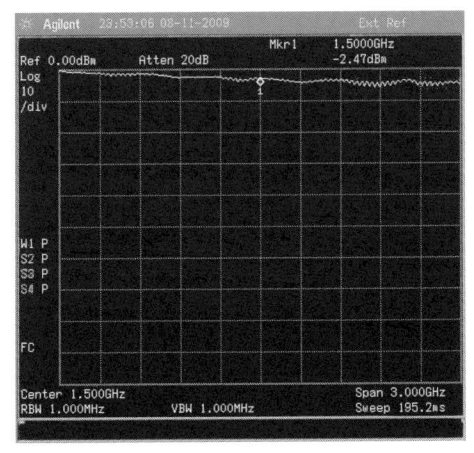

画面4.3.4 マーカON

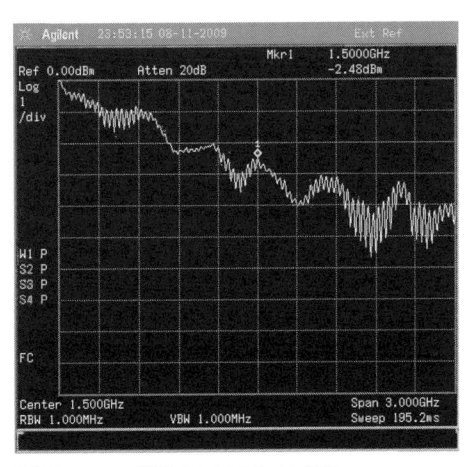

画面4.3.5 縦軸を1dB/divに変更

95

4-4 RFフィルタの特性測定

トラッキング・ジェネレータとスペクトラム・アナライザを使用することで，RFフィルタの特性を測定することができます．

フィルタの特性をスペクトラム・アナライザで直視できるため，フィルタの帯域の調整や良否の判断も簡単に行うことができます．また，フィルタだけではなくアッテネータの帯域内減衰量の測定やハイブリッドの損失，ポート間の減衰量なども同様の方法で測定できます．

被測定機器とスペクトラム・アナライザの接続

図4.4.1に示すように，トラッキング・ジェネレータの出力とスペクトラム・アナライザの入力の間にフィルタを接続します．フィルタに方向性がある場合には，フィルタの信号入力側をトラッキング・ジェネレータの出力に接続します．最初はノーマライズのために被測定フィルタを外し，標準コネクタを使ってトラッキング・ジェネレータの信号出力とスペクトラム・アナライザの入力を直結して，ノーマライズ実行後に標準コネクタをフィルタに交換します．

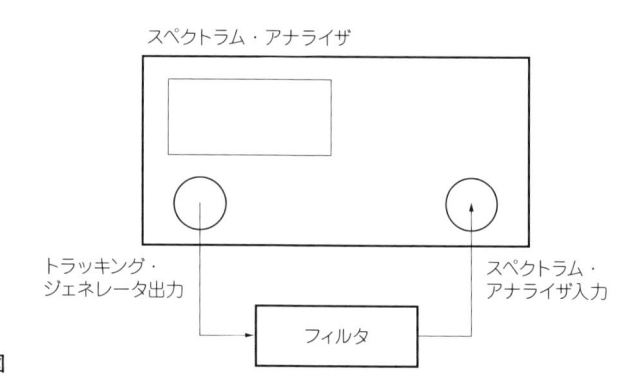

図4.4.1
フィルタの特性測定のための
スペクトラム・アナライザとの接続図

RFフィルタの特性測定手順

ここではカットオフ周波数が約60MHzのローパス・フィルタの特性を測定します．
次に測定の手順を示します（**パネル4.4.1**）．

① 初期画面（**画面4.4.1**）
② スタート周波数を0Hz，ストップ周波数を200MHzに設定（**画面4.4.2**）
③ トラッキング・ジェネレータの出力レベルを0dBmに設定してON（**画面4.4.3**）．ハード・キー［MODE］(☞1.1) → ソフト・キー［Tracking Generator］(☞1.2) → ソフト・キー［Amplitude TG］(☞1.3) → テンキー［0］(☞1.4) → ソフト・キー［dBm］(☞1.3) → ソフト・キー［ON］(☞1.3)

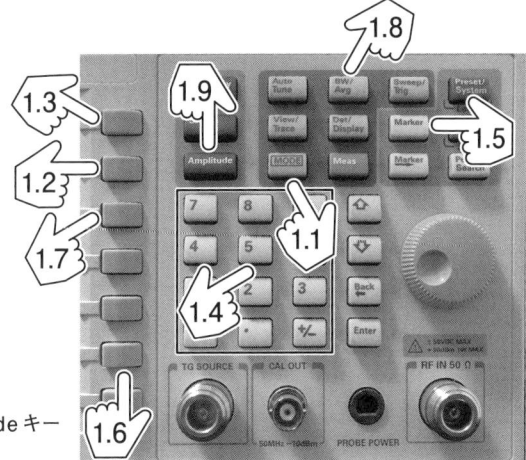

第4章 トラッキング・ジェネレータを使った測定事例 ● 4-4 RFフィルタの特性測定

パネル4.4.1
MODE，テン・キー，Marker，BW/Avg，Amplitudeキーの位置とソフト・キー

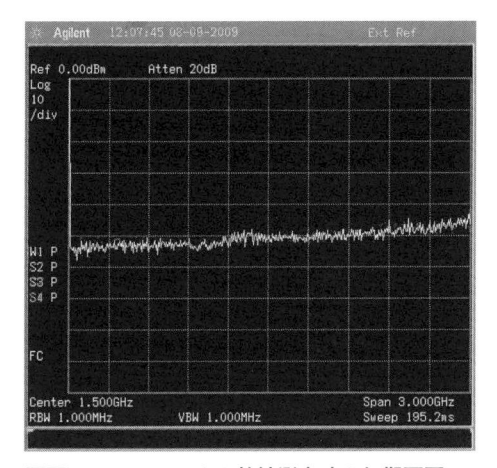

画面4.4.1 フィルタの特性測定時の初期画面

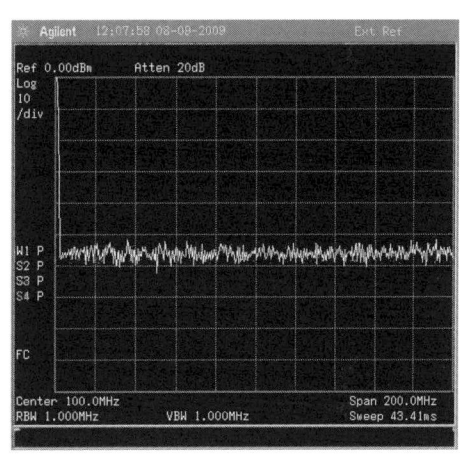

画面4.4.2 スタート周波数とストップ周波数を設定

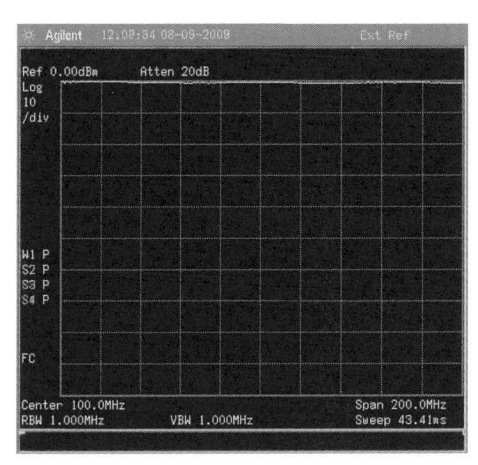

画面4.4.3 トラッキング・ジェネレータ出力を0dBmにセットしてON

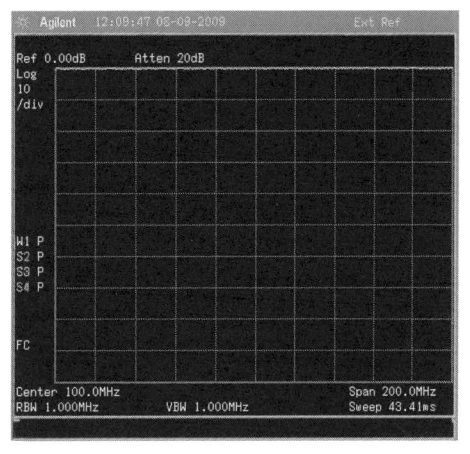

画面4.4.4 ノーマライズON

97

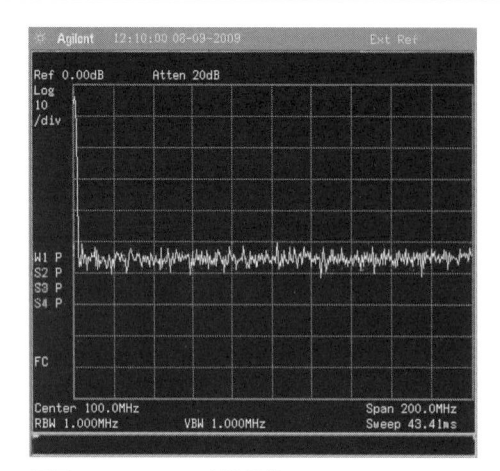

画面4.4.5　フィルタ接続前

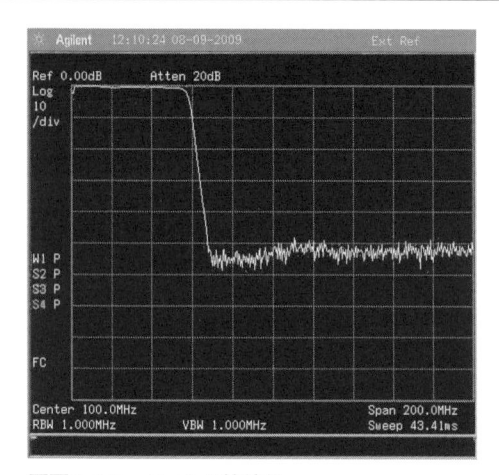

画面4.4.6　フィルタ接続後

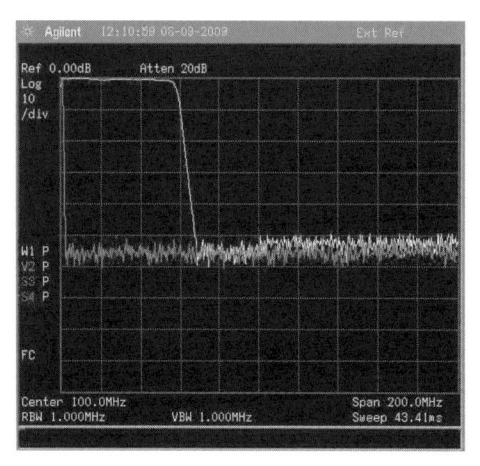

画面4.4.7　ノイズ・レベルが高いため正しく測定できない

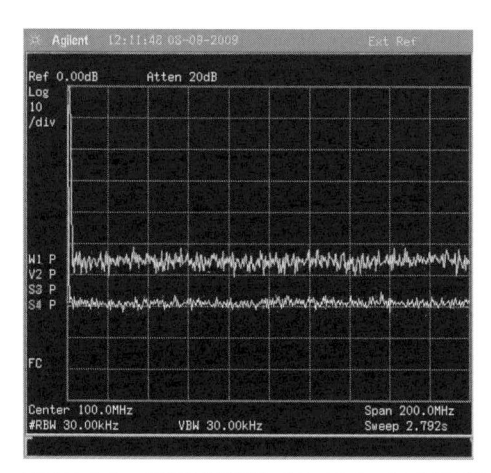

画面4.4.8　RBWを変更してノイズ・レベルを下げる

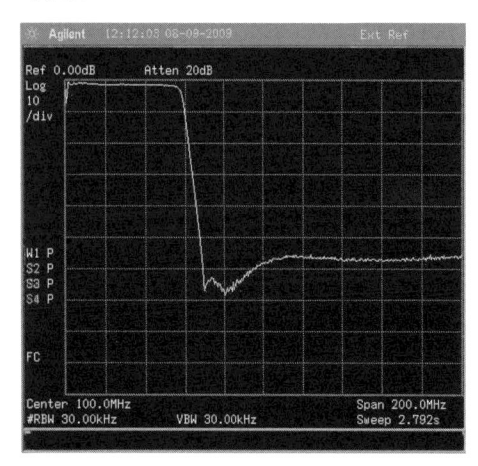

画面4.4.9　正しく表示されたフィルタの特性

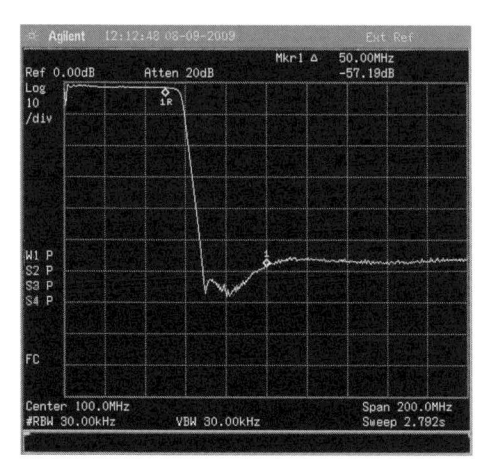

画面4.4.10　マーカを使った減衰量の測定

第4章 トラッキング・ジェネレータを使った測定事例 ● 4-5 リターン・ロスの測定

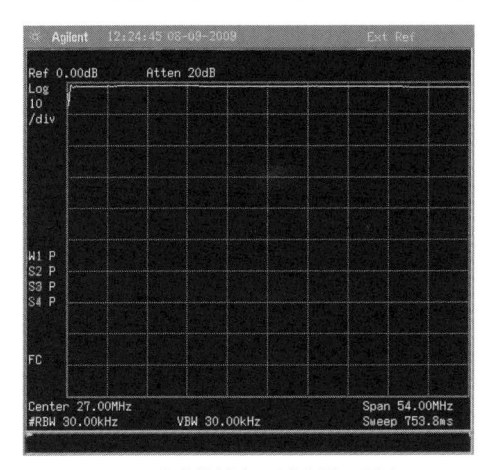

画面4.4.11 通過帯域内の減衰量の測定

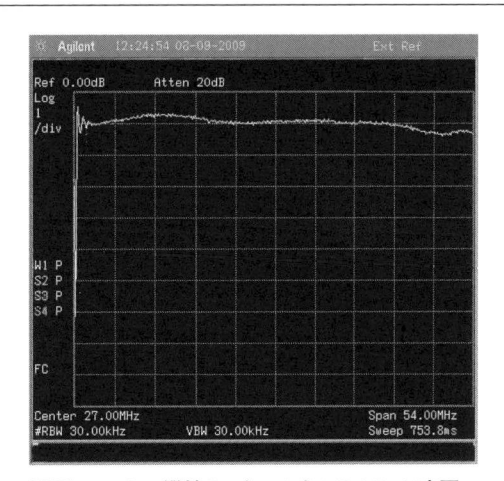

画面4.4.12 縦軸のスケールを1dB/divに変更

④ ノーマライズ実行（**画面4.4.4**）．ハード・キー［MODE］（☝1.1）→ ソフト・キー［Tracking Generator］（☝1.2）→ ソフト・キー［More］（☝1.6）→ ソフト・キー［Normalize］（☝1.7）→ ソフト・キー［Store Ref（1→4）］（☝1.3）→ ソフト・キー［Normalize（On）］（☝1.2）
⑤ 標準コネクタを外す（**画面4.4.5**）
⑥ フィルタを接続する（**画面4.4.6**）
⑦ 特性が表示されるがノイズ・フロアが下がっていないため正しく測定できていない（**画面4.4.7**）
⑧ RBWを30kHzに変更してノイズ・フロアを下げる（**画面4.4.8**）．ハード・キー［BW］（☝1.8）→［Res BW］（☝1.3）→ テンキー［3］［0］（☝1.4）→ ソフト・キー［kHz］（☝1.2）
⑨ フィルタの特性が表示される（**画面4.4.9**）
⑩ マーカを使用して減衰量の測定（**画面4.4.10**）
⑪ ストップ周波数を変更して通過帯域内減衰量（ロス）の測定（**画面4.4.11**）
⑫ 縦軸のスケールを1dB/divに変更して通過帯域内減衰量の測定（**画面4.4.12**）．ハード・キー［Amplitude］（☝1.9）→ ソフト・キー［Scale/Div］（☝1.7）→ テン・キー［1］（☝1.4）→ ソフト・キー［dB］（☝1.3）

4-5 リターン・ロスの測定

リターン・ロスとは，挿入損失のことです．
　機器間を接続する場合に，インピーダンスが合っていないと信号の一部が反射して前段に戻ってきます．この入射波と反射波の比をデシベルで表したものがリターン・ロスです．この入射波と反射波は同一周波数なので位相が一致すると定在波が立ちます．そのときの最大振幅と最小振幅の比を *VSWR*（Voltage Standing Wave Ratio；電圧定在波比）と呼んでいます．

リターン・ロス RL（Return Loss）と $VSWR$，反射係数の関係は下記の式で表すことができます．

$$リターン・ロス RL = 20\log_{10}\frac{VSWR+1}{VSWR-1} \text{ (dB)}$$

$$VSWR = \frac{10^{\frac{RL}{20}}+1}{10^{\frac{RL}{20}}-1}$$

$$反射係数 = \frac{VSWR-1}{VSWR+1}$$

$$反射係数 = \frac{Z_i - Z_o}{Z_i + Z_o}$$

　送信機とアンテナとの $VSWR$ を測定するには，進行波と反射波を直接測定できるSWRメータ（給電線などの伝送線路の定在波比を測定する測定器）が使われます．しかし，SWRメータでは送信を許可された周波数でしか測定できず，測定時に不要な電波を送信することになります．
　リターン・ロス・ブリッジをトラッキング・ジェネレータとスペクトラム・アナライザに接続し，リターン・ロス・ブリッジの被測定端子（X端子）に被測定物を接続するとリターン・ロスが測定できます．
　リターン・ロス・ブリッジを使用すると不要な電波を送信する必要がない上に，広域の特性を直視できます．また，アンテナだけではなく機器のインピーダンスの不整合を測定することができます．
　リターン・ロスから $VSWR$ への変換は上記計算式もしくは換算表（**表4.5.1**）を参照して行います．

表4.5.1　リターン・ロスから $VSWR$ への変換換算表

リターン・ロス (dB)	電圧定在波比 $VSWR$	反射係数	リターン・ロス (dB)	電圧定在波比 $VSWR$	反射係数	リターン・ロス (dB)	電圧定在波比 $VSWR$	反射係数
60	1.002	0.001	22	1.176	0.079	10	1.925	0.316
50	1.006	0.003	21	1.196	0.089	9	2.1	0.355
40	1.02	0.01	20	1.222	0.1	8	2.329	0.398
35	1.036	0.018	19	1.253	0.112	7	2.615	0.447
30	1.065	0.032	18	1.288	0.126	6	3.01	0.501
29	1.074	0.036	17	1.329	0.141	5	3.569	0.562
28	1.083	0.04	16	1.377	0.159	4	4.42	0.631
27	1.094	0.045	15	1.433	0.178	3	5.847	0.708
26	1.106	0.05	14	1.498	0.2	2	8.723	0.794
25	1.119	0.056	13	1.577	0.224	1	17.399	0.891
24	1.135	0.063	12	1.671	0.251	0	−	1.0
23	1.152	0.071	11	1.785	0.282			

被測定機器とスペクトラム・アナライザの接続

トラッキング・ジェネレータの出力とスペクトラム・アナライザの入力の間にリターン・ロス・ブリッジを接続し，図4.5.1に示すように，リターン・ロス・ブリッジのX端子に被測定物を接続します．

写真4.5.1にリターン・ロス・ブリッジの例を示します．リターン・ロス・ブリッジはブリッジの一種で，VSWRブリッジとも呼ばれます．

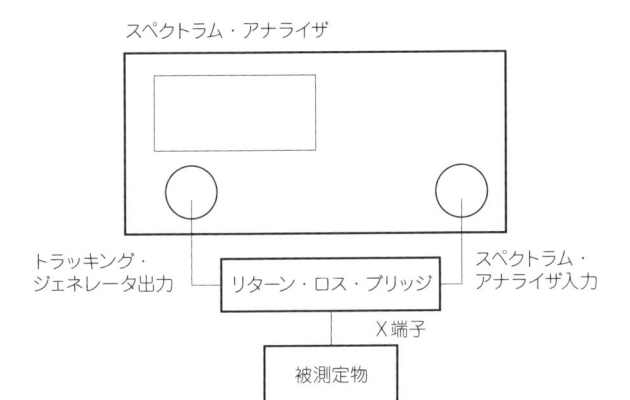

図4.5.1 リターン・ロス・ブリッジとスペクトラム・アナライザの接続

写真4.5.1 リターン・ロス・ブリッジの例 RLB-001 〔㈱インステック ジャパン〕

リターン・ロスの測定手順

リターン・ロスの測定手順を次に示します（キー操作は省略．第4章の「4-4 RFフィルタの特性測定」を参照）．

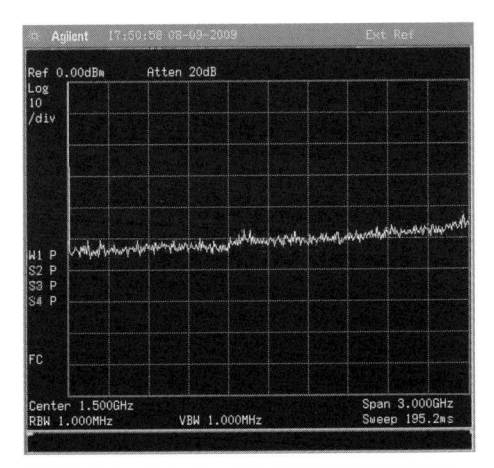

画面4.5.1 リターン・ロスの測定時の初期画面

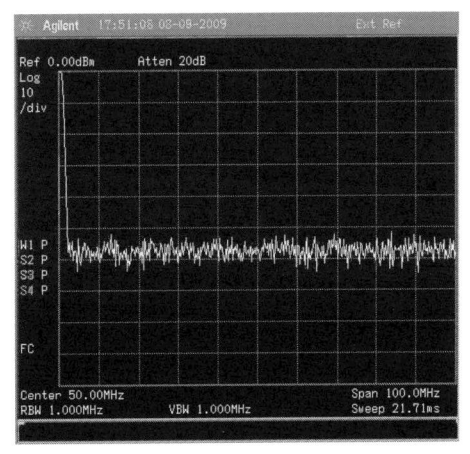

画面4.5.2 スタート周波数とストップ周波数を設定

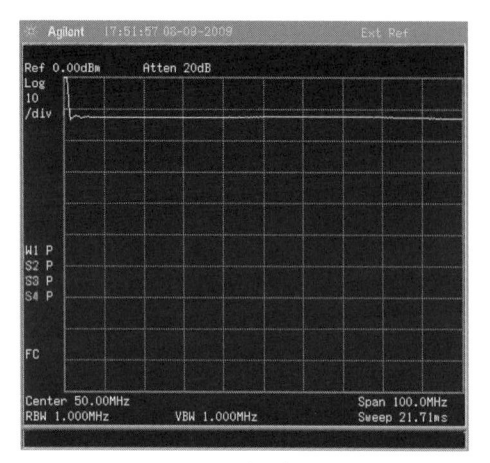

画面4.5.3　トラッキング・ジェネレータ出力を0dBm にセットしてON

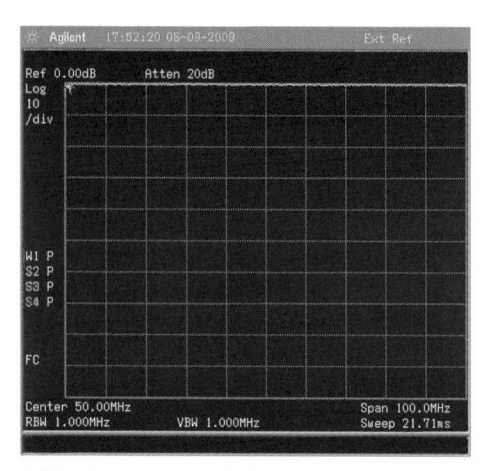

画面4.5.4　ノーマライズON

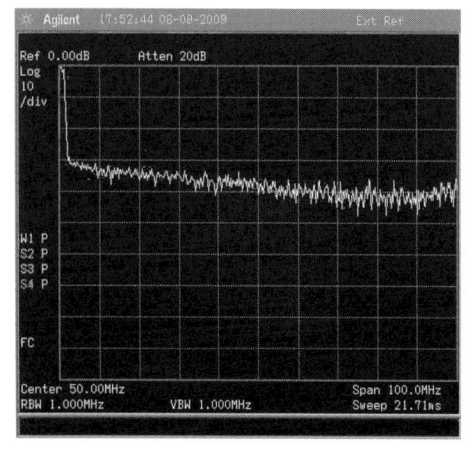

画面4.5.5　リターン・ロス・ブリッジのX端子を50Ωで終端

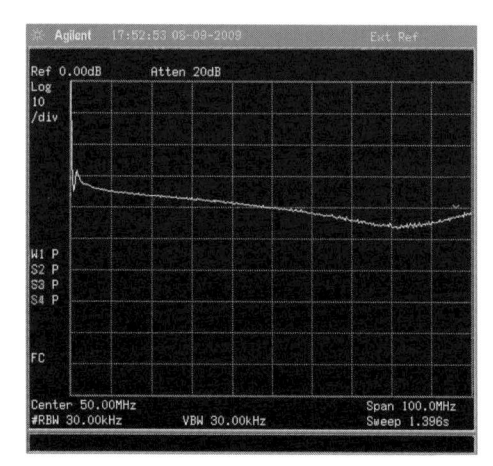

画面4.5.6　RBWを変更

① 初期画面（**画面4.5.1**）
② スタート周波数を0Hz，ストップ周波数を100MHzに設定（**画面4.5.2**）
③ トラッキング・ジェネレータのレベルを0dBmに設定してON（**画面4.5.3**）
④ リターン・ロス・ブリッジのX端子に何も接続しない状態でノーマライズを行う（**画面4.5.4**）
⑤ リターン・ロス・ブリッジのX端子を50Ωで終端したときのリターン・ロス（**画面4.5.5**）
⑥ RBWを30kHzに変更（**画面4.5.6**）
⑦ マーカでレベルを読み取る（**画面4.5.7**）
⑧ 50MHz帯用アンテナのリターン・ロス（**画面4.5.8**）
⑨ 50MHz受信機アンテナ端子のリターン・ロス（**画面4.5.9**）
⑩ 50-144-430-1200MHz 4バンド・ホイップ・アンテナのリターン・ロス（**画面4.5.10**）

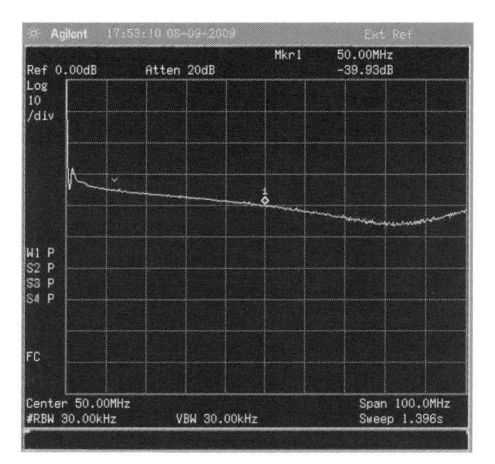

第4章 トラッキング・ジェネレータを使った測定事例 ● 4-6 プリアンプの利得測定

画面4.5.7 マーカでレベルを読む

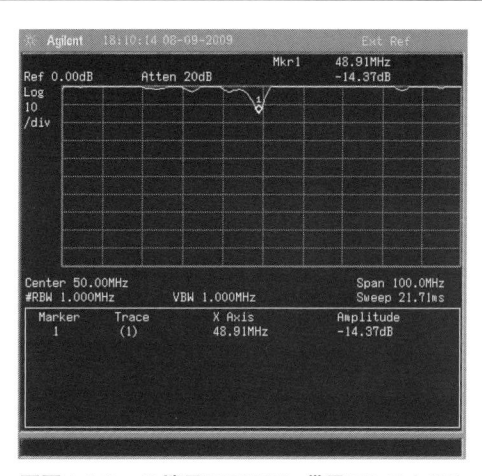

画面4.5.8 X端子に50MHz帯用アンテナのリターン・ロス

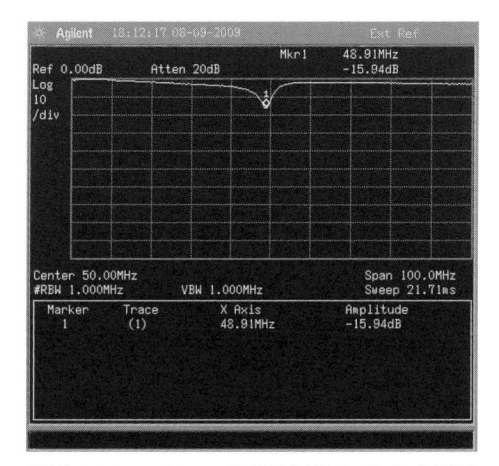

画面4.5.9 50MHz専用受信機のアンテナ端子のリターン・ロス

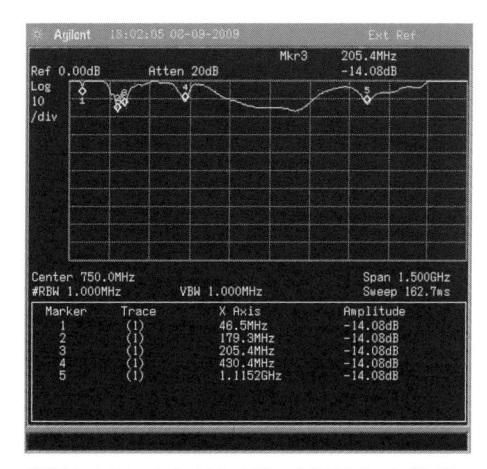

画面4.5.10 50-144-430-1200MHz 4バンド・ホイップ・アンテナのリターン・ロス

4-6 プリアンプの利得測定

プリアンプなどの小電力増幅器の利得と帯域を測定します．

測定時の注意

　トラッキング・ジェネレータの出力が，測定するアンプの耐入力を超えないように注意します．耐入力を超えるとアンプを破壊する恐れがあります．

また耐入力を超えなくとも，入力レベルが高すぎると，アンプが飽和してしまい正しく測定できません．

　トラッキング・ジェネレータで出力レベルを下げられない場合には，トラッキング・ジェネレータとアンプの入力間にアッテネータを挿入してレベルを下げます．また，アンプの出力信号のレベルがスペクトラム・アナライザの耐入力を超えないようにします．

被測定機器とスペクトラム・アナライザの接続，測定

　アンプの利得を測定するときには，図4.6.1に示すように，トラッキング・ジェネレータの出力にアンプの入力を，アンプの出力をスペクトラム・アナライザの入力に接続します．

　測定の手順を次に示します（キー操作は省略）．
① 初期画面（画面4.6.1）
② スタート周波数，ストップ周波数を設定（画面4.6.2）
③ トラッキング・ジェネレータの出力レベルを確認．レベルは－30dBmに設定（画面4.6.3）
④ 標準コネクタをアンプの代わりに接続し，ノーマライズを実行（画面4.6.4）
⑤ 利得を測定するためにリファレンス・ポジションを5（画面中央）に設定（画面4.6.5）
⑥ 標準コネクタを被測定アンプに交換（画面4.6.6）
⑦ マーカで増幅度を測定（画面4.6.7）
⑧ デルタ・マーカでゲインが0dB以上の帯域を測定（画面4.6.8）
⑨ マーカ・テーブルで各周波数の増幅レベルを測定（画面4.6.9）

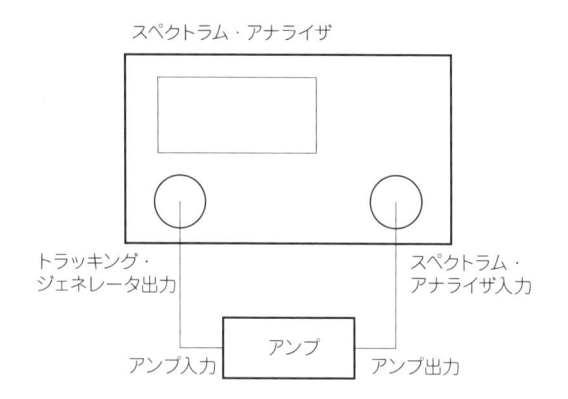

図4.6.1　アンプ利得測定のための接続図

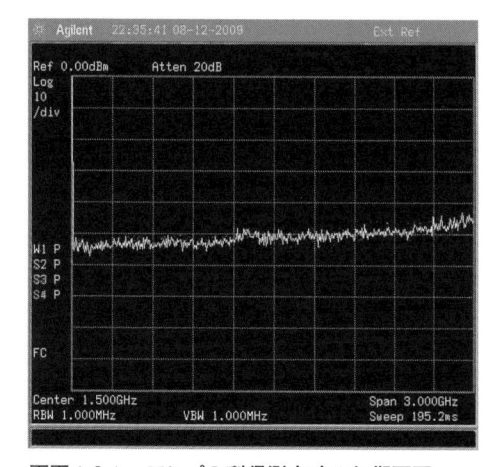

画面4.6.1　アンプの利得測定時の初期画面

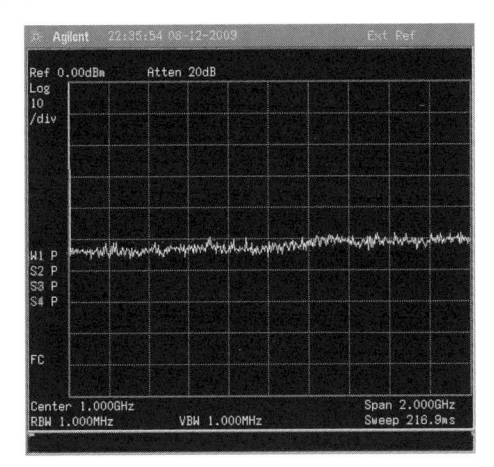

第4章　トラッキング・ジェネレータを使った測定事例　●4-6　プリアンプの利得測定

画面4.6.2　スタート周波数とストップ周波数を設定

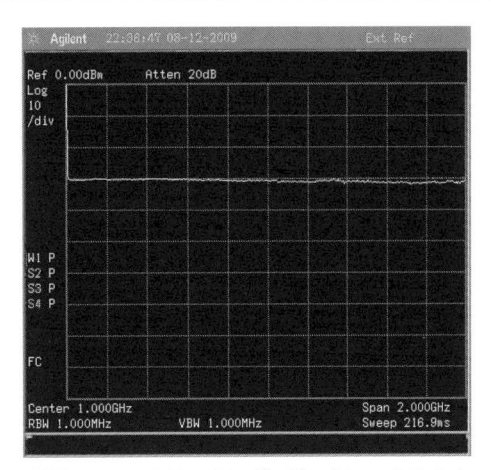

画面4.6.3　トラッキング・ジェネレータ出力を－30dBmにセットしてON

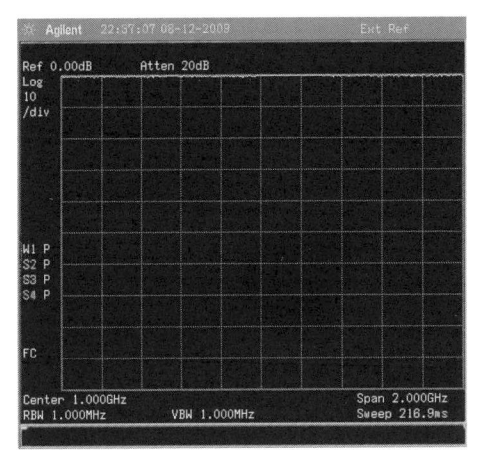

画面4.6.4　ノーマライズON

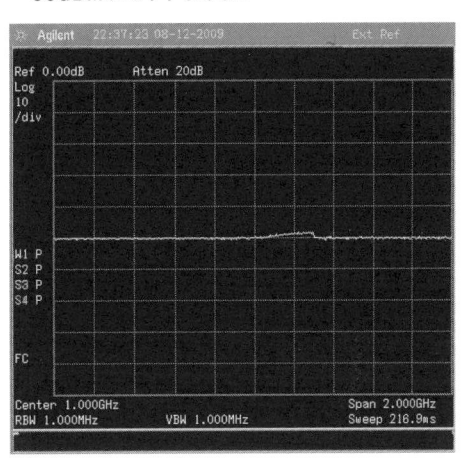

画面4.6.5　リファレンス・ポジションを5（画面中央）に設定

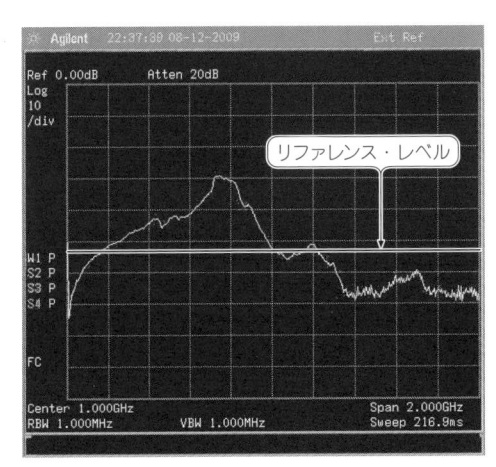

画面4.6.6　標準コネクタを被測定アンプに交換

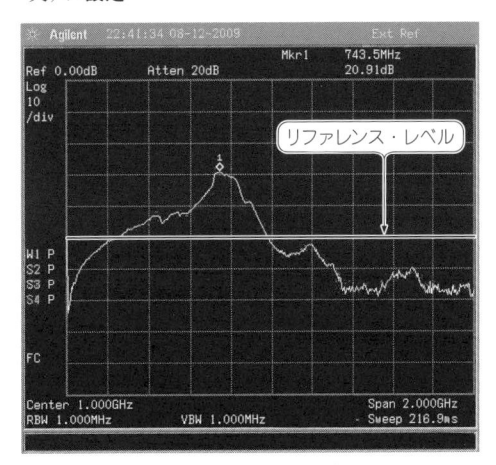

画面4.6.7　マーカで増幅度を測定

105

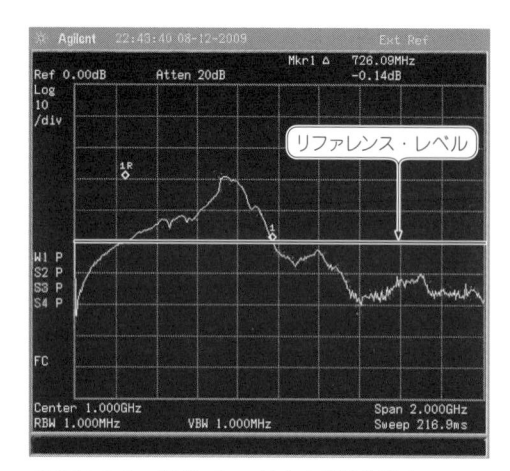

画面4.6.8　ゲイン0dB以上の帯域を測定

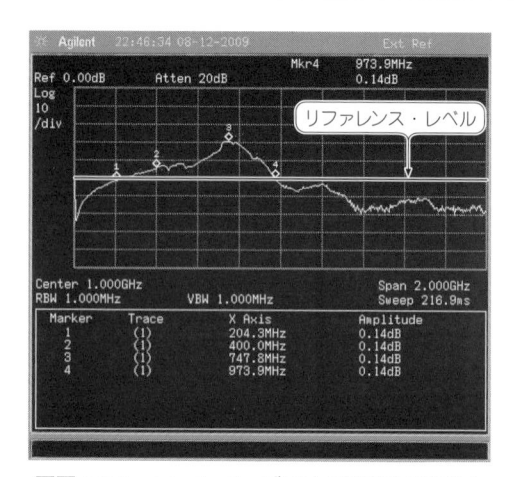

画面4.6.9　マーカ・テーブルで各周波数の利得を測定

第5章
スペクトラム・アナライザとともに使うアクセサリ

スペクトラム・アナライザを使って測定する際に使用するアクセサリを紹介します．

● アッテネータ / ステップ・アッテネータ

アッテネータ（Attenuator；減衰器）は，電気信号の電圧を減衰させるアクセサリです．減衰量の単位はデシベル（dB）が一般的です（**写真5.1**，**写真5.2**）．

減衰量が固定のタイプと可変できるタイプがあり，可変できるタイプにはプログラマブル・アッテネータやステップ・アッテネータなどがあります．

アッテネータにはインピーダンスと耐入力電力が決まっていて，正しく使用しないと測定精度の悪化やアッテネータの損傷を招くことがあります．アッテネータは，信号の減衰のほかにインピーダンスのマッチングにも使用します．アッテネータは，信号源とスペクトラム・アナライザの間に接続して使用するアクセサリです（**図5.1**）．

通常トラッキング・ジェネレータを使用する場合，入力レベル（トラッキング・ジェネレータの出力レベル）がスペクトラム・アナライザの耐入力電力を超えることはありません．被測定物の入出力インピーダンスと整合を取る場合には，整合PAD（パッド）として挿入します．

また増幅器の特性を測定する場合，トラッキング・ジェネレータの出力レベルが被測定物の耐入力レベルを超えたり，過大入力で飽和してしまうときにはアッテネータをトラッキング・ジェネレータと被測定物との間に挿入します．

増幅器の出力レベルが大きくて正しく測定できない場合には，増幅器の出力とスペクトラム・アナライザの入力の間にアッテネータを挿入します（**図5.2**）．

写真5.1 アッテネータの製品例
同軸アッテネータ 8493B（アジレント・テクノロジー社）

写真5.2 ステップ・アッテネータの製品例
マニュアル・ステップ・アッテネータ 8495B（アジレント・テクノロジー社）

図5.1 信号源とスペクトラム・アナライザをアッテネータで接続

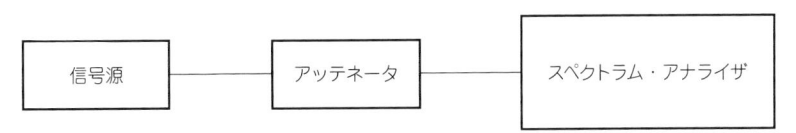

信号源 → アッテネータ → スペクトラム・アナライザ

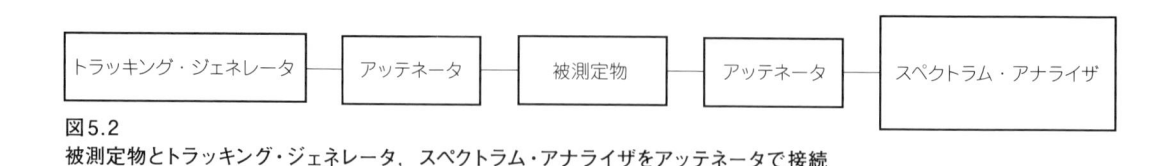

図5.2 被測定物とトラッキング・ジェネレータ，スペクトラム・アナライザをアッテネータで接続

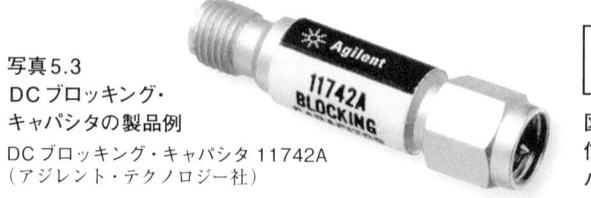

写真5.3 DCブロッキング・キャパシタの製品例
DCブロッキング・キャパシタ 11742A（アジレント・テクノロジー社）

図5.3 信号源とスペクトラム・アナライザをDCブロッキング・キャパシタで接続

● DCブロッキング・キャパシタ

　DCブロッキング・キャパシタは，直流からスペクトラム・アナライザのRF部分を保護するためのものです（**写真5.3**）．これを，被測定物とスペクトラム・アナライザ入力との間に接続します（**図5.3**）．
　そのほか増幅器の入力に直流（DC）が入ってDCオフセットが生じるのを防ぎます．DCブロッキング・キャパシタは耐電圧と周波数レンジを確認して使用します．

● パワー・リミッタ

　パワー・リミッタは，被測定物とスペクトラム・アナライザ入力との間に接続し，規定値以上の電力からスペクトラム・アナライザを保護するために使用します（**写真5.4**，**図5.4**）．
　パワー・リミッタの耐電力を超える電力が加わった場合にも，パワー・リミッタ本体がオープン，もしくはグラウンドとショート状態になり，スペクトラム・アナライザを破損から保護します．
　パワー・リミッタを選択する際には，リミット電力や周波数レンジはもちろんですが，突発的なパルス波にも対応できる反応速度があることも確認してください．
　トラッキング・ジェネレータを使用して増幅器の特性を測定する際には，増幅器とスペクトラム・アナライザの間に接続します（**図5.5**）．

写真5.4　パワー・リミッタの製品例
パワー・リミッタ N9356B（アジレント・テクノロジー社）

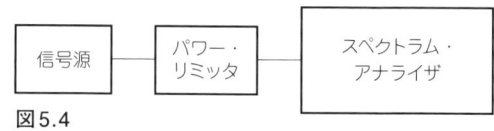

図5.4 信号源とスペクトラム・アナライザをパワー・リミッタで接続

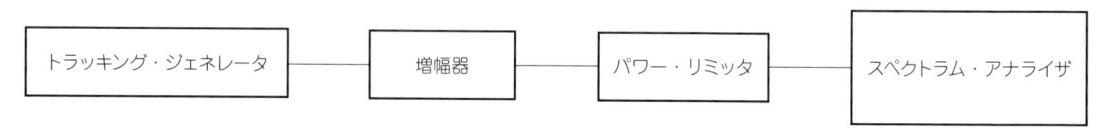

図5.5　トラッキング・ジェネレータ，増幅器とスペクトラム・アナライザをパワー・リミッタで接続

● プリアンプ

プリアンプ(増幅器)は,スペクトラム・アナライザの感度やノイズ指数の向上を図りたいときに使用します(**写真5.5**).

プリアンプには広帯域タイプや低ノイズ・タイプ,高利得タイプなどさまざまな製品が存在するので,測定目的に合わせて選択します.弱い信号を増幅するだけではなく,レベルを既定範囲に調整し,範囲内に収まるよう校正することが可能な機種もあります.

プリアンプは信号源とスペクトラム・アナライザの間に接続します(**図5.6**).微弱な信号を扱う機器なので過大入力にはくれぐれも注意してください.

● 整合トランス

整合トランスは,入力インピーダンスが50Ωのスペクトラム・アナライザで,75Ω系の測定を行う場合に使用します(**写真5.6**).その逆の50Ω→75Ωタイプの整合トランスもあります.

整合トランスは,75Ω機器とスペクトラム・アナライザの間に接続して測定します(**図5.7**).耐入力と使用可能周波数範囲,挿入ロスに注意して使用します.

● RFブリッジ

RFブリッジは,トラッキング・ジェネレータと組み合わせてリターン・ロスの測定等に使用します(**写真5.7**).

ブリッジの原理を**図5.8**に示します.菱形に組まれた回路の向かい合う辺のインピーダンスの積が

写真5.5
プリアンプの製品例
プリアンプ 87405B
(アジレント・テクノロジー社)

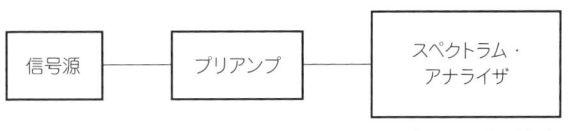

図5.6 信号源とスペクトラム・アナライザをプリアンプで接続

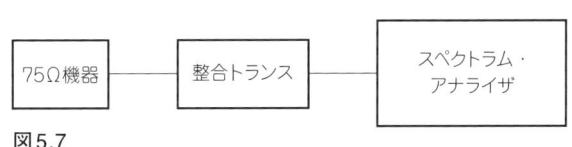

図5.7
75Ω機器とスペクトラム・アナライザを整合トランスで接続

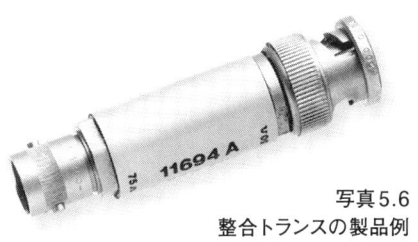

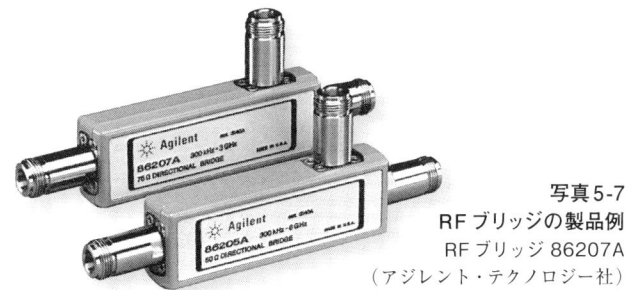

写真5.6
整合トランスの製品例
整合トランス11694A(アジレント・テクノロジー社)

写真5-7
RFブリッジの製品例
RFブリッジ 86207A
(アジレント・テクノロジー社)

図5.8 ブリッジの原理
$Z_1 \times Z_x = Z_2 \times Z_3$

図5.9 被測定物，トラッキング・ジェネレータとスペクトラム・アナライザをブリッジで接続

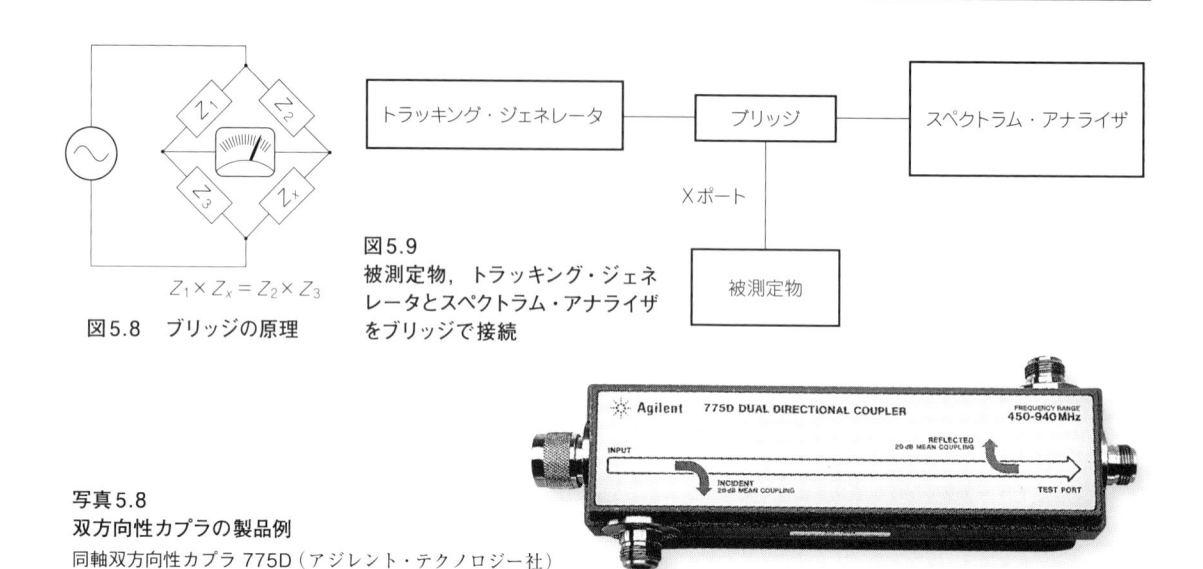

写真5.8
双方向性カプラの製品例
同軸双方向性カプラ 775D（アジレント・テクノロジー社）

等しくなるときに，中間点の出力がゼロになる特性を利用し，既知のインピーダンス$Z_1 \sim Z_3$の値からZ_xのインピーダンスを求めることができます．

トラッキング・ジェネレータとスペクトラム・アナライザの組み合わせではインピーダンスまで求めることはできません．$Z_1 \sim Z_3$の値を50Ωにしてトラッキング・ジェネレータの出力を信号源に，ブリッジ中間の出力点をスペクトラム・アナライザで測定することで，被測定ポートのリターン・ロスを測定することができます（図5.9）．

● カプラ，方向性結合器

カプラ，方向性結合器ともに伝送路の途中に挿入し，伝送路を流れる電力の一部を取り出します（写真5.8）．

カプラは1方向の電力のみ対応しているため，$VSWR$（Voltage Standing Wave Ratio；電圧定在波比）が悪いと進行波と反射波が混ざった電力の一部を取り出すことになり測定に影響を受けます．方向性結合器は，順方向（進行波）の結合器と逆方向（反射波）の結合器をもっているため，どちらか，もしくは両方の電力の一部を取り出すことができます（図5.10，図5.11）．

カプラは，大きなレベルの信号を測定するときに，スペクトラム・アナライザが取り扱えるレベルまでレベルを下げる用途に使われます．

方向性結合器は進行波と反射波を同時に観測できるため，$VSWR$の測定などにも使用されます．使用するに当たって必要な特性は結合度，挿入損失，アイソレーションと方向性です．

結合度は電力と結合ポートに取り出される電力の比で，通常はdBで表示されます．

結合度が20dBということは，入力電力より20dB低い電力が結合ポートに取り出されます（図5.12）．

挿入損失はカプラを使用することで発生する損失です．挿入損失は小さい方が良く，方向性とアイソレーションは方向性結合器の各結合ポートの電力差と漏れの少なさを表し，どちらも値が大きい方が良い特性です．

図5.10 カプラの動作

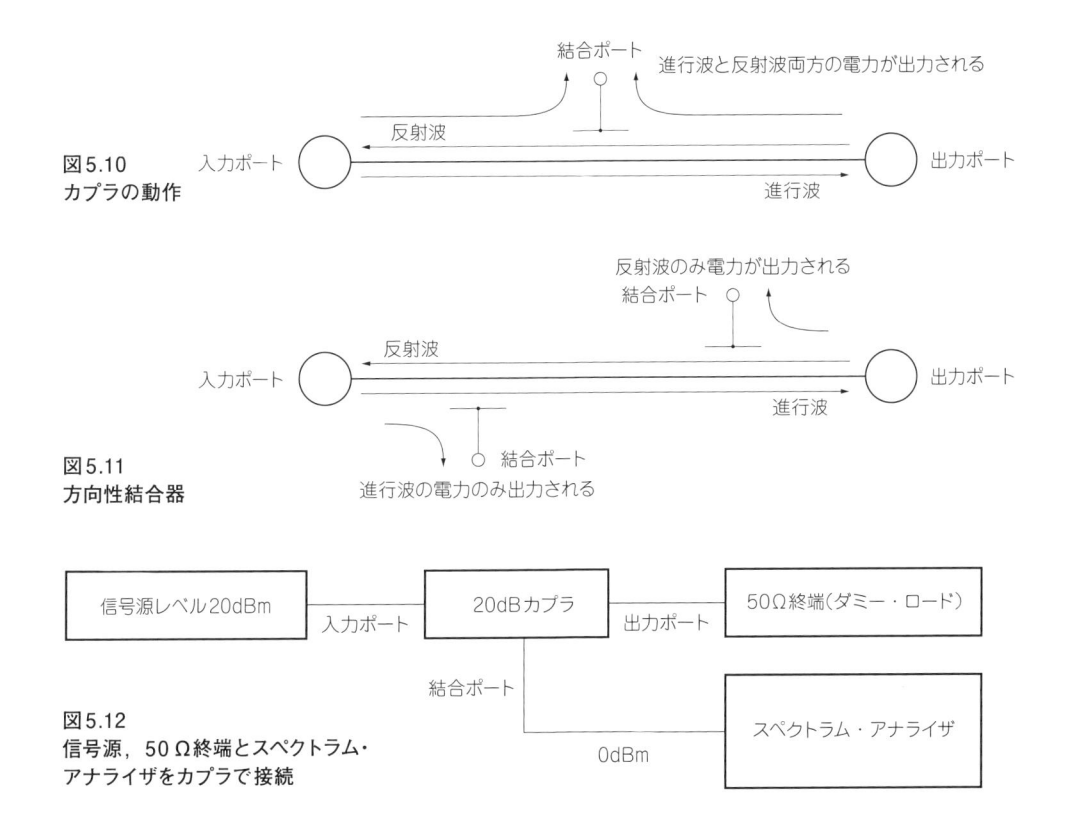

図5.11 方向性結合器

図5.12 信号源，50Ω終端とスペクトラム・アナライザをカプラで接続

● パワー・デバイダとパワー・スプリッタ

　パワー・デバイダとパワー・スプリッタは似ていますが，異なる構造をしています（**写真5.9**，**写真5.10**，**図5.13**）．

　パワー・デバイダは，三つのポートすべてに16.7Ωの抵抗がつながっていて，各ポートから見たインピーダンスは残りのポートを終端した場合，50Ωになります．

　パワー・デバイダは比測定用に信号を等分割し，双方向なので電力の合成（パワー・コンバイナ）にも使用可能です（**図5.14**）．

　パワー・スプリッタは，入力ポート以外の二つのポートに50Ωの抵抗がつながっていて，各ポートのインピーダンスは残りのポートを終端した場合，入力ポートから見た場合のみ50Ω，他のポートは83.33Ωとなります．

　パワー・スプリッタは比測定とレベリング・ループ・アプリケーションで使用されます．

● 高周波/アクティブ・プローブ

　スペクトラム・アナライザの入力インピーダンスは，通常50Ωもしくは75Ωと低いため，インサーキット測定を行うと被測定回路の動作に影響を与えます．

　高周波プローブやアクティブ・プローブは，入力インピーダンスが100kΩ～1MΩと高く，低い入

写真5.9　パワー・デバイダの製品例
パワー・デバイダ 11636B（アジレント・テクノロジー社）

写真5.10　パワー・スプリッタの製品例
パワー・スプリッタ 11667B（アジレント・テクノロジー社）

図5.13
パワー・デバイダとパワー・スプリッタの内部回路　　（a）パワー・デバイダの回路　　（b）パワー・スプリッタの回路

図5.14
パワー・デバイダを使用したIMDの測定

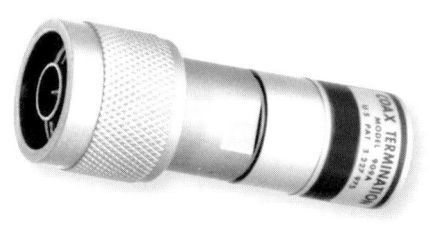

写真5.11
終端負荷の製品例
同軸終端 909A（アジレント・テクノロジー社）

力キャパシタンスのため被測定回路の動作に影響を与えることなく，高周波のインサーキット測定が可能になります．

● 終端

終端（負荷）はターミネーション，ダミー・ロードとも呼ばれます（**写真5.11**）．

インピーダンス50Ωもしくは75Ωの純抵抗である終端抵抗は，広い周波数範囲で特性インピーダンスを保ちます．

終端抵抗は，ブリッジやパワー・デバイダのポートを終端する際に使用します．周波数範囲と耐入力に注意して使用してください．

Appendix 2
スペクトラム・アナライザの確度とデータシートの読み方

カタログやデータシートには必要な情報が記載されています．すべての項目の説明は行いませんが導入する前はもちろん，使用する前にも一度目を通しておくようにしてください．

A-1 スペクトラム・アナライザの確度

スペクトラム・アナライザは信号の周波数とレベルを測定する測定器ですから，確度（ある一定条件下で測定器に生じうる最大の誤差）の仕様は重要です．

確度は絶対精度と相対精度で示すことがあります．通常のマーカで測定する精度は絶対精度，デルタ・マーカで測定する精度は相対精度です．相対精度は絶対精度よりも精度が高くなります（図A.1）．

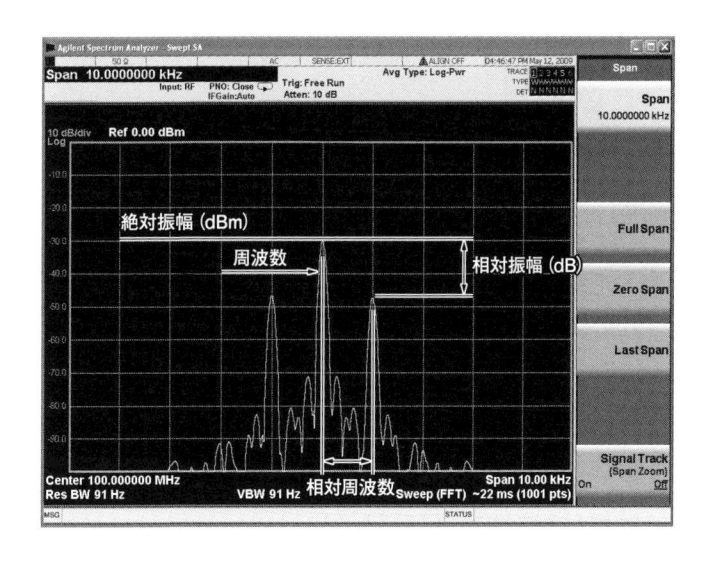

図A.1
絶対値と相対値の表し方

スペクトラム・アナライザの周波数の確度

スペクトラム・アナライザでは，測定した信号の周波数が表示されますが，その表示周波数には誤差が含まれています．周波数の確度には以下のような規格値があります．
● 基準周波数の確度

- スパン周波数の確度
- 分解能帯域幅の確度
- マーカ分解能

これらの確度をすべて足したものが周波数の確度になります．

スペクトラム・アナライザの振幅の確度

　振幅の誤差要因で最大のものは周波数応答です．周波数応答は，たとえば20dBのアッテネータは本来，測定可能周波数範囲内ではどの周波数でも20dBの減衰量を示すのが理想ですが，実際には周波数によって減衰量が変化し減衰量がフラットになりません．このことはアッテネータ，ミキサの変換損失，プリセレクタにも当てはまり，周波数が高くなるほど影響が大きくなります（図A.2）．

　そのほか，バンド切り替え，スケール忠実度，中間周波利得などの誤差要因が加算されていきます．これらの確度は，データシートやカタログに記載されています．

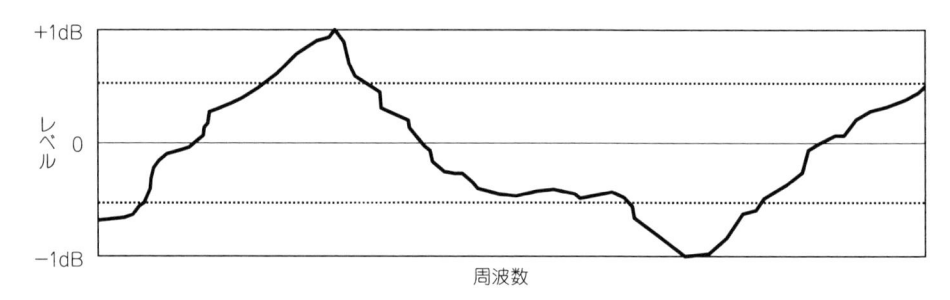

図A.2　周波数応答（理想は0dBのラインだが，実際は周波数によって増幅度や減衰量などのレベルが変動する）

A-2　スペクトラム・アナライザのデータシートの読み方

スペクトラム・アナライザを選ぶ際に確認すべき仕様について説明します．

スペクトラム・アナライザの測定可能周波数範囲

　測定可能周波数範囲は，スペクトラム・アナライザを選択する際に，もっとも重要な仕様です．ほとんどの場合，データシート（カタログの諸元）の最初に記載されています．

　測定する基本周波数をカバーしているのはもちろんのこと，高い周波数では必要な高調波の次数を測定できること，低い周波数ではベースバンドや中間周波数の考慮も忘れてはいけません．

　シグナル（スペクトラム）アナライザN9020A（アジレント・テクノロジー社）のデータシートには，オプション別の周波数範囲が掲載されています．たとえば800MHz帯の電波を使用する携帯電話で，

Appendix 2　スペクトラム・アナライザの確度とデータシートの読み方

10次高調波まで測定する必要がある場合には8GHz以上が測定可能なスペクトラム・アナライザが必要になります．N9020Aのデータシートには次のように記されています．

Frequency range		DC Coupled	AC Coupled
	Option 503	20Hz to 3.6GHz	10MHz to 3.6GHz
	Option 508	20Hz to 8.4GHz	10MHz to 8.4GHz
	Option 513	20Hz to 13.6GHz	10MHz to 13.6GHz
	Option 526	20Hz to 26.5GH	10MHz to 26.5GHz

　N9020Aではオプションを選択することによって上限周波数が異なるので，上記例の場合は，Option 508以上を選択する必要があります．
　入力段のブロッキング・キャパシタの影響を受ける低い周波数（20Hz～10MHz）では，ブロッキング・キャパシタをスルーする必要があります（DC Coupled）．
　スペクトラム・アナライザN9320B（アジレント・テクノロジー社）の日本語Technical Overviewには，周波数は下記のように記載されています．

周波数	レンジ	9kHz～3GHz AC 結合
		100kHz～3GHz プリアンプ・オン
	設定分解能	1Hz

　この機種は測定可能最高周波数が3GHzまでのため，それ以上の周波数を測定する場合にはほかの機種を選択する必要があります．内蔵のプリアンプは100kHz以上の周波数で動作し，周波数の最小設定ステップは1Hzということが分かります．

スペクトラム・アナライザの基準周波数確度

　スーパヘテロダイン方式のスペクトラム・アナライザには，シンセサイズド方式とフリー・ランニング方式があります．
　シンセサイズド方式は基準になる高精度な発振器にロックされた発振回路を採用しているため，数百Hzの確度を実現していますが，フリー・ランニング方式では確度は数MHzになります．スペクトラム・アナライザの周波数は基準周波数にロックして設定されるので，基準周波数の確度は重要です．
　N9020AのデータシートのFrequency referenceの項目には下記の値が記載されています．

Accuracy ± [(time since last adjustment × aging rate) + temperature stability + calibration accuracy]			
		Option PFR	Standard
Aging rate		$\pm 1 \times 10^{-7}$/year	$\pm 1 \times 10^{-6}$/year
		$\pm 1.5 \times 10^{-7}$/2 years	—
Temperature stability	20 to 30°C	$\pm 1.5 \times 10^{-8}$	$\pm 2 \times 10^{-6}$
	5 to 50°C	$\pm 5 \times 10^{-8}$	$\pm 2 \times 10^{-6}$
Achievable initial calibration accuracy		$\pm 4 \times 10^{-8}$	$\pm 1.4 \times 10^{-6}$

　Aging rate（エージング・レート）は，基準発振の校正後1年間の変位量を示し，Option PFRはオプションの精密周波数基準を搭載した際の値です．Temperature stability（温度安定性）は，室温が

与える影響を示します．Achievable initial calibration accuracy（キャリブレーション精度）は，キャリブレーションの直後の精度を示します．

前記の情報から周波数基準精度は，次のように計算できます．

±（校正からの経過年数×エージング・レート＋温度安定性＋キャリブレーション精度）

精密周波数基準を搭載し，最後の校正から1年経過した室温が5℃から50℃の範囲で使用した場合は，以下の計算式になります．

$\pm (1 \times 1 \times 10^{-7} + 5 \times 10^{-8} + 4 \times 10^{-8}) = \pm 1.9 \times 10^{-7}$

10MHzだと $10 \times 10^6 \times \pm 1.9 \times 10^{-7}$ で±1.9Hzのずれが生じる計算になります．精密周波数基準を搭載していないと，

$\pm (1 \times 1 \times 10^{-6} + 2 \times 10^{-6} + 1.4 \times 10^{-6}) = \pm 4.4 \times 10^{-6}$

10MHzで±44Hzのずれが生じる計算になります．N9320Bの日本語Technical Overviewには下記のように記載されています．

内部10MHz 周波数基準	エージング・レート	±1ppm/年
	温度安定度	±1ppm 0℃～＋50℃，周波数基準は25℃
	供給電圧安定度	±0.3ppm ±5%

校正後1年の場合，最大で2.3ppmずれることなります．1ppmは百万分の1ですから2.3ppmは 2.3×10^{-6}．10MHzだと $10 \times 10^6 \times \pm 2.3 \times 10^{-6}$ で±23Hzのずれが生じる計算になります．

スペクトラム・アナライザの周波数読み値の確度

周波数読み値の確度とは，スタート周波数，ストップ周波数，センタ周波数とマーカ周波数の確度を示します．N9020Aのデータシートには，周波数読み値の確度は下記のように記載されています．

Frequency readout accuracy（start, stop, center, marker）
±（marker frequency x frequency reference accuracy + 0.25% x span + 5% x RBW + 2Hz + 0.5 x horizontal resolution）
Horizontal resolution is span/（sweep points − 1）

図A.3を例に計算してみます．それぞれのデータを次に示します．
marker frequency（周波数の読み値）：100MHz
frequency reference accuracy（周波数基準の確度）：$\pm 1.9 \times 10^{-7}$
（精密周波数基準を搭載し，最後の校正から1年経過した室温が5℃から50℃の範囲で使用した場合）
Span（スパン周波数）：10MHz
RBW（分解能帯域幅）：91kHz
horizontal resolution（マーカ分解能）：10MHz/（1001 − 1）

※N9020AのSweep Points（掃引ポイント数）は［Sweep/Control］→［Points］メニューで変更ができるようになっており，Defaultでは1001ポイントで，画面右下に表示されている（図A.3）．

$$100 \times 10^6 \times 1.9 \times 10^{-7} + 0.0025 \times 10 \times 10^6 + 0.05 \times 9.1 \times 10^4 + 2 + 0.5 \times 10^6 / (1001 - 1) = 39571$$

上記の計算によりマーカ読み取り値の100MHzには，±39.571kHzの誤差を含んでいる計算になります．

column　外部周波数リファレンス

シンセサイズド方式のスペクトラム・アナライザは，内部の基準周波数にロックして各種周波数を作り出し，測定の基準としています．

通常基準周波数には水晶発振子を使用した発振回路が使われていますが，高精度周波数基準がオプションで用意されていたり，最初から内蔵されている機種もあります．

高精度周波数基準も水晶発振回路ですが，恒温層（オーブン）に水晶発振子が入っていて一定の温度に保たれることにより，周波数の安定度を向上させています．

たとえば，N9020Aでは，標準の基準発振のエージング・レートが，±1×10^{-6}/年であるのに対して，オプションの精密周波数基準では，±1×10^{-7}/年と1桁向上しています．

さらに周波数確度を上げたい場合には，外部周波数基準入力（EXT REF IN）が装備されていて，ここに10MHzの信号を入力することで基準発振が切り替わります（写真A.1）．

もちろん，スペクトラム・アナライザ内部の基準発振よりも高確度，高安定度，低ノイズ，高純度の信号を入力しなければ意味がありません．

一般的には，この基準周波数には，国家基準にトレースされたセシウム周波数標準やルビジウム周波数標準，GPS周波数標準などを使用します．

たとえば，セシウム周波数標準5071A（Symmetricom社）は周波数確度：±1.0×10^{-12}（標準），周波数安定度：≦5.0×10^{-14}（標準），位相ノイズは10kHzオフセットで≦−150dBc（写真A.2）．

ルビジウム周波数標準8040Cは周波数確度：±5.0×10^{-11}（標準），位相ノイズは10kHzオフセットで≦−148dBc．

GPS周波数標準58503BはGPSロック時に±1.0×10^{-10}/日，位相ノイズは10kHzオフセットで≦−145dBc．

以上のように，スペクトラム・アナライザに内蔵されている高精度基準発振よりも大幅に性能が高くなります．

写真A.1　外部基準入力コネクタ

写真A.2　セシウム周波数標準5071A（アジレント・テクノロジー社，現在はSymmetricom社で販売）

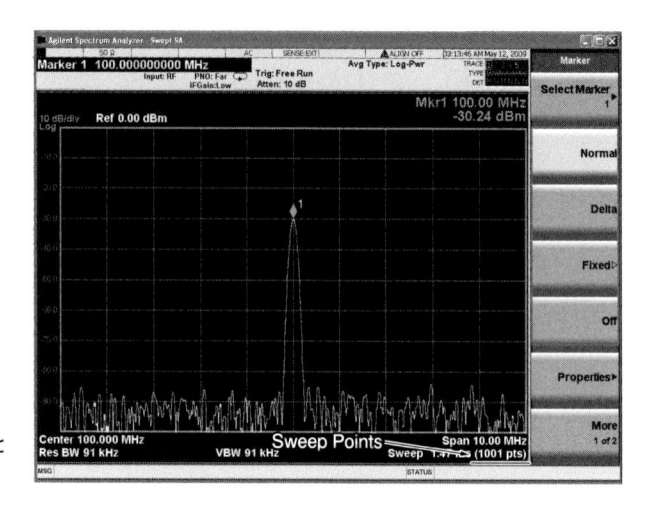

図A.3
マーカ読み取り確度と
Sweep Points

N9320Bの日本語Technical Overviewには周波数読み値の確度は下記のように記載されています.

> 周波数読み値の確度（スタート，ストップ，中心，マーカ）
> 不確かさ　　：±（周波数の読み値×周波数基準の不確かさ＋1%×スパン
> 　　　　　　　＋20%×分解能帯域幅＋マーカ分解能）
> マーカ分解能：（周波数スパン）/（掃引ポイント数－1）

下記条件の場合の読み取り確度を計算します．

> marker frequency（周波数の読み値）：100MHz
> frequency reference accuracy（周波数基準の確度）：$\pm 2.3 \times 10^{-6}$
> Span（スパン周波数）：10MHz
> RBW（分解能帯域幅）：100kHz
> horizontal resolution（マーカ分解能）：10MHz/（461－1）
> ※N9320BのSweep Points（掃引ポイント数）は461ポイント固定

$$100 \times 10^6 \times 2.3 \times 10^{-6} + 0.01 \times 10 \times 10^6 + 0.2 \times 10 \times 10^4 + 10 \times 10^6 / (461-1) = 141969.13$$

上記計算によりマーカ読み取り値の100MHzには約±142kHzの誤差を含んでいる計算になります．

スペクトラム・アナライザのスパン周波数

設定可能なスパン周波数が記載されています．
N9020Aのデータシートにはスパン周波数は下記のように記載されています．

Appendix 2 スペクトラム・アナライザの確度とデータシートの読み方

Frequency span (FFT and swept mode)	Range	0Hz (zero span), 10Hz to maximum frequency of instrument
	Resolution	2Hz
	Accuracy	Swept ± (0.25% x span + horizontal resolution)
		FET ± (0.10% x span + horizontal resolution)

horizontal resolution（マーカ分解能）：スパン周波数／（1001－1）

※N9020AのSweep Points（掃引ポイント数）は［Sweep/Control］→［Points］メニューで変更ができるようになっており，画面右下に表示されている．Defaultでは1001ポイント（図A.3）．

0Hz（ゼロ・スパン）と10Hzから測定可能最大周波数までの任意の周波数を分解度2Hzで設定可能です．スパン確度は，スイープ（掃引方式）とFFT方式で異なります．

N9320Bの日本語Technical Overviewには，周波数読み値の確度は下記のように記載されています．

周波数スパン	範囲	0Hz（ゼロ・スパン），1kHz～3GHz
	分解能	1Hz
	確度	±スパン／（掃引ポイント数－1）

※N9320BのSweep Points（掃引ポイント数）は461ポイント固定．0Hz（ゼロ・スパン）と1kHzから測定可能最大周波数の3GHzまでの任意の周波数を分解度1Hzで設定可能．

スペクトラム・アナライザのRBW

カタログには，設定可能なRBW（分解能帯域幅）が記載されています．

RBWは測定可能周波数とともに機種選択では重要な項目になります．近接した信号の測定や狭帯域フィルタの測定などに必要なRBWを設定できる機種を選びます．RBWについては第2章の「2-4 分解能帯域幅（RBW）」を参照してください．

N9020Aのデータシートには，RBWは下記のように記載されています．

Range (-3.01dB bandwidth)	1Hz to 3MHz (10% steps), 4, 5, 6, 8MHz	
Bandwidth accuracy (power) RBW range	1Hz to 750kHz	±1.0% (±0.044 dB)
	820kHz to 1.2MHz (< 3.6GHz CF)	±2.0% (±0.088 dB)
	1.3 to 2.0MHz (< 3.6GHz CF)	±0.07dB nominal
	2.2 to 3MHz (< 3.6GHz CF)	±0.15dB nominal
	4 to 8MHz (< 3.6GHz CF)	±0.25dB nominal
Bandwidth accuracy (-3.01dB) RBW range	1Hz to 1.3MHz	±2% nominal
Selectivity (-60dB/-3dB)	4.1:1 nominal	±2.5% nominal

RBWのレンジ（－3dB帯域幅）は1Hzから3MHzまで10％ステップで設定可能で，それ以外に4MHz，5MHz，6MHz，8MHzのRBWを設定できます．

Bandwidth accuracy（power）RBW rangeはRBWの設定によるレベルの確度，Bandwidth accuracy（－3.01dB）RBW rangeはRBWの帯域幅の確度，Selectivity（－60dB／－3dB）は選択度（シェイプ・ファクタ）を表しています．

N9320Bの日本語Technical Overviewには，RBWは次のように記載されています．

119

分解能帯域幅（RBW）	10Hz 〜 1MHz, 1-3-10 シーケンス	− 3dB 帯域幅
確度	± 5%	公称値
分解能フィルタのシェープ・ファクタ	< 5:1	公称値

　RBWのレンジ（−3dB帯域幅）は，10Hzから1MHzまで1-3-10シーケンスで設定できます．1-3-10シーケンスとは，10Hz-30Hz-100Hz-300Hz-1KHzのように選択される方式のことです．RBWのシーケンス数は，多ければ多いほうが適切な帯域幅と最速可能掃引時間を選択することができるため優れています．
　確度は，帯域幅の確度を示します．分解能フィルタのシェイプ・ファクタは選択度です．−3dB帯域幅やシェイプ・ファクタの詳細は，第2章のコラム「IFフィルタ」を参照してください．
　［注意］オプションと組み合わせるとRBWの設定範囲が変わる機種もあります．かならず使用するオプションと組み合わせた状態でのRBWの設定範囲を確認してください．

スペクトラム・アナライザの位相ノイズ

　スペクトラム・アナライザ自体の位相ノイズです．位相ノイズが多いと，位相ノイズ以下のレベルの信号がマスクされ測定できなくなります．位相ノイズの詳細は，第3章の「3-6 位相ノイズの測定」を参照してください．
　N9020Aのデータシートには，位相ノイズは下記のように記載されています．

Phase noise

	Offset	Specification	Typical
Noise sidebands (20 to 30° C, CF = 1GHz)	100Hz	− 84dBc/Hz	− 88dBc/Hz
	1kHz	—	− 101dBc/Hz nominal
	10kHz	− 103dBc/Hz	− 106dBc/Hz
	100kHz	− 115dBc/Hz	− 117dBc/Hz
	1MHz	− 135dBc/Hz	− 137dBc/Hz
	10MHz	—	− 148dBc/Hz nominal

　室温が20℃〜30℃で周波数が1GHzのときの位相ノイズの仕様値と標準値が掲載されています．Offsetは，中心周波数からOffset周波数離れた周波数の位相ノイズです．ほかの周波数とRBW，位相ノイズの関係はデータシートにグラフで表示されています．N9320Bの日本語Technical Overviewには，位相ノイズは下記のように記載されています．

　　位相ノイズ　f_c = 1GHz, RBW = 1kHz, VBW = 10Hz

CW信号からのオフセット	仕様値	標準値
10kHz	− 88dBc/Hz	− 90dBc/Hz
100kHz	− 100dBc/Hz	− 102dBc/Hz
1MHz	− 110dBc/Hz	− 112dBc/Hz

　上記は中心周波数が1GHz，RBWが1kHz，VBWが10Hzの設定ときの値です．位相ノイズは設定の条件を確認して判断してください．

スペクトラム・アナライザの最大入力(最大損傷レベル)

スペクトラム・アナライザの最大入力は,このレベルを超えた信号を入力するとスペクトラム・アナライザに重大な損傷を与える恐れがある入力レベルです.この値は絶対に超えてはいけません.
N9020Aのデータシートには,最大入力レベルは下記のように記載されています.

Maximum safe input level

Average total power (with and without preamp)	+30dBm (1W)
Peak pulse power	<10μs pulse width, <1% duty cycle +50dBm (100W) and input attenuation ≧30dB
DC volts	DC coupled ±0.2V_{DC}
	AC coupled ±70V_{DC}

Average total power(平均連続レベル),プリアンプOFFでの最大入力レベルは+30dBm(1W),Peak pulse power(ピーク・パルス・パワー)パルス幅が10μs以下でデューティ・サイクルが1%以下,内蔵アッテネータの設定が30dB以上で+50dBm(100W)まで,直流電圧はDC coupled(ブロッキング・キャパシタをスルー)状態で±0.2V,AC coupled(ブロッキング・キャパシタを経由)状態で±70Vまで加えることができます.
N9320Bの日本語Technical Overviewには,最大損傷レベルは下記のように記載されています.

最大損傷レベル

平均連続パワー	≧+40dBm (10W) 入力アッテネータの設定≧10dB
ピーク・パルス・パワー	≧+50dBm (100W) <10μsのパルス幅,<1%のデューティ・サイクル,入力アッテネータ≧40dB
DC電圧	最大50V_{DC}
	入力アッテネータ≧10dB,>33dBmで入力保護スイッチがオープン

スペクトラム・アナライザの測定範囲

スペクトラム・アナライザの測定範囲とは,測定可能な振幅レベルの範囲です.
N9020Aのデータシートには振幅レンジは下記のように記載されています.

Amplitude range

Measurement range Displayed average noise level (DANL) to maximum safe input level

測定可能レンジはDANLから最大入力可能なレベルと記載されています.スペクトラム・アナライザは自身のフロア・ノイズ以下の信号は測定できません.そのため,表示平均ノイズ・レベル(DANL:Displayed average noise level)はスペクトラム・アナライザの感度を表します.
N9320Bの日本語Technical Overviewには,測定範囲は次のように記載されています.

測定範囲	
10MHz 〜 3GHz	DANL 〜 + 30dBm
1MHz 〜 10MHz	DANL 〜 + 23dBm
9kHz 〜 1MHz	DANL 〜 + 20dBm

スペクトラム・アナライザの感度

スペクトラム・アナライザの感度は表示平均ノイズ・レベルで表されます.
N9020Aのデータシートには,DANLは下記のように記載されています.

Displayed average noise level(DANL)
(Input terminated, sample or average detector, averaging type = Log, 0dB input attenuation, IF Gain = High, 20 to 30℃)

		Specification	Typical
Preamp off	9kHz to 1MHz		− 130 dBm
	1to 10MHz	− 150dBm	− 153dBm
	10MHz to 2.1GHz	− 151dBm	− 154dBm
	2.1 to 3.6GHz	− 149dBm	− 152dBm
	3.6 to 8.4GHz	− 149 dBm	− 153 dBm
	8.4 to 13.6 GHz	− 148dBm	− 151dBm
	13.6 to 17.1GHz	− 144dBm	− 147dBm
	17.1 to 20.0GHz	− 143 dBm	− 146 dBm
	20.0 to 26.5GHz	− 136 dBm	− 142 dBm
Preamp on (Option P03, P08, P13, P26)	9kHz to 1MHz	—	− 149dBm
	1 to 10MHz	− 161dBm	− 163dBm
	10MHz to 2.1GHz	− 163dBm	− 166dBm
	2.1 to 3.6GHz	− 162dBm	− 164dBm
	3.6 to 8.4GHz	− 162 dBm	− 166dBm
	8.4 to 13.6GHz	− 162 dBm	− 165dBm
	13.6 to 17.1GHz	− 159dBm	− 163dBm
	17.1 to 20.0GHz	− 157dBm	− 161dBm
	20.0 to 26.5GHz	− 152dBm	− 157dBm

入力50Ω終端,サンプル・デテクタ,内蔵アッテネータは0dB(スルー),高中間周波ゲインでこの状態が最大感度になります.

N9320Bの日本語Technical Overviewには,測定範囲は下記のように記載されています.

表示平均ノイズ・レベル

プリアンプ・オフ	9kHz 〜 100kHz	< − 90dBm 代表値
	100kHz 〜 1MHz	< − 90dBm − 3 × (f/10 kHz) dB
	1MHz 〜 10MHz	< − 124dBm
	10MHz 〜 3GHz	< − 130dBm + 3 × (f/1GHz) dB
0dBのRFアッテネータ, RBW10Hz, VBW1Hz, サンプル・デテクタ, 基準レベル − 60dBm		
プリアンプ・オン	100kHz 〜 1MHz	< − 108dBm − 3 × (f/100kHz) dB
	1MHz 〜 10MHz	< − 142dBm
	10MHz 〜 3GHz	< − 148dBm + 3 × (f/1GHz) dB
0dBのRFアッテネータ, RBW10Hz, VBW1Hz, サンプル・デテクタ, 基準レベル − 70dBm		

最高感度は重要な項目ですが,感度最大の状態が最良のセッティングではありません.

スペクトラム・アナライザの周波数応答

スペクトラム・アナライザの周波数応答とは,振幅レベルの確度です.
N9020Aのデータシートには,周波数応答は下記のように記載されています.

Frequency response (10dB input attenuation, 20 to 30℃,
preselector centering applied, σ = nominal standard deviation)

		Specification	Specification 95th Percentile ($\approx 2\sigma$)
Preamp off	20Hz to 10MHz	±0.6dB	±0.28dB
	10MHz to 3.6GHz	±0.45dB	±0.17dB
	3.5 to 8.4GHz	±1.5dB	±0.48dB
	8.3 to 13.6GHz	±2.0dB	±0.47dB
	13.5 to 22.0GHz	±2.0dB	±0.52dB
	22.0 to 26.5GHz	±2.5dB	±0.71dB
Preamp on (Option P03, P08, P13, P26) attenuation 0dB	100kHz to 3.6GHz	±0.75dB	±0.28dB
	3.5 to 8.4GHz	±2.0dB	±0.53dB
	8.3 to 13.6GHz	±2.3dB	±0.60dB
	13.5 to 17.1GHz	±2.5dB	±0.81dB
	17.0 to 22.0GHz	±2.5dB	±0.81dB
	22.0 to 26.5GHz	±3.5dB	±1.25dB

20Hz～10MHzの間では,仕様から±0.6dB,95％までが±0.28dBの誤差が生じ,220GHz～26.5GHzでは±2.5dBの誤差が生じると読み取れます.

N9320Bの日本語Technical Overviewには,測定範囲は下記のように記載されています.

| プリアンプ・オフ | 100kHz～3.0GHz | ±0.8dB | 10dBアッテネータ, | 基準:50MHz 20～30℃ |
| プリアンプ・オン | 1MHz～3.0GHz | ±1.5dB | 0dBアッテネータ, | 基準:50MHz 20～30℃ |

注)±に注意.±1.5dBの場合,最大3dBの誤差が発生する場合がある.

索 引

数字・アルファベット

1-3-10 シーケンス……………………………… 120
2次の変調ひずみ ……………………………… 64
3dB 帯域幅 …………………………………… 33, 36
3次混変調波 …………………………………… 75, 78
50 Ω …………………………………………… 18
6dB 帯域幅 …………………………………… 33
60dB 帯域幅 ………………………………… 36
75 Ω …………………………………………… 18
ALC …………………………………………… 82
AM ……………………………………………… 60
AM ノイズ …………………………………… 69
AM 変調度 …………………………………… 60, 62
CM カプラ …………………………………… 61
CM 型方向性結合器 ………………………… 51
dB ……………………………………………… 22
dBc/Hz ……………………………………… 69, 72
DBM …………………………………………… 76
DC ブロッキング・キャパシタ …………… 15, 108
DSB …………………………………………… 61
DSP …………………………………………… 13
EXT REF IN ………………………………… 117
FFT …………………………………………… 10, 37
FFT 方式 ……………………………………… 10
GPS 周波数標準 ……………………………… 117
IF フィルタ ………………………………… 11, 36
IMD …………………………………………… 75, 80
LC フィルタ ………………………………… 12
Marker ………………………………………… 29
Marker → ……………………………………… 31
Mkr → CF …………………………………… 31
Mkr → Ref Lvl ……………………………… 32
Mkr → Start ………………………………… 31
Mkr → Stop ………………………………… 32
Mkr Δ → Span ……………………………… 32
N9020A ……………………………………… 17
Peak Search ………………………………… 29
RBW ………………………………………… 12, 21
RF 入力コネクタ …………………………… 17, 18
RF フィルタ …………………………………… 96
RF ブリッジ ………………………………… 109
Span …………………………………………… 21
SSB …………………………………………… 61, 80
SSB 送信機 …………………………………… 80
Sweep ………………………………………… 37
SWR メータ ………………………………… 100
Two-Tone …………………………………… 80
UNCAL ……………………………………… 38
VBW ………………………………………… 21, 38
$VSWR$ ……………………………………… 44, 99
Windows …………………………………… 14
X 端子 ……………………………………… 100

あ・ア行

アイソレーション …………………………… 79
アクティブ・プローブ ……………………… 111

索　引

アジレント・テクノロジー ……………………………… 3
アッテネータ ……………………………… 15, 107
アナログ・フィルタ ……………………………… 36
アベレージング機能 ……………………………… 39, 50
アマチュア無線 ……………………………… 80
アマチュア無線機 ……………………………… 52
位相ノイズ ……………………………… 10, 69, 71
インピーダンス ……………………………… 18
ウイルス ……………………………… 14
ウイルス対策ソフト ……………………………… 14
オート・チューン ……………………………… 28
オシロスコープ ……………………………… 10
オフセット周波数 ……………………………… 69

か・カ行

外部アッテネータ ……………………………… 47
外部周波数基準入力 ……………………………… 117
確度 ……………………………… 113
カットオフ周波数 ……………………………… 96
カプラ ……………………………… 15, 51, 110
過変調 ……………………………… 61
基準周波数 ……………………………… 115
基準のマーカ・ポイント ……………………………… 30
キャリア ……………………………… 60
近接不要輻射 ……………………………… 56
クリスタル・フィルタ ……………………………… 12
恒温層 ……………………………… 20
高精度周波数基準 ……………………………… 117
高速フーリエ変換 ……………………………… 37
高調波 ……………………………… 9, 51
混変調ひずみ ……………………………… 75

さ・サ行

最速許容掃引時間 ……………………………… 21
最大入力電圧 ……………………………… 14, 41

最大入力電力 ……………………………… 14, 41
シェイプ・ファクタ ……………………………… 36
時間ドメイン ……………………………… 9, 67
シグナル・アナライザ ……………………………… 3, 14
ジッタ ……………………………… 69
自動レベル調整 ……………………………… 82
シャットダウン ……………………………… 18
終端 ……………………………… 112
終端型電力計 ……………………………… 54
周波数 ……………………………… 9
周波数応答 ……………………………… 114
周波数ドメイン ……………………………… 10
周波数変動 ……………………………… 85
進行波 ……………………………… 44
シンセサイズド方式 ……………………………… 115
振幅最小電圧 ……………………………… 67
振幅最大電圧 ……………………………… 67
振幅変調 ……………………………… 60
スーパヘテロダイン方式 ……………………………… 10
スタート周波数 ……………………………… 20, 26
ステップ・アッテネータ ……………………………… 107
ストップ周波数 ……………………………… 20, 27
スパン周波数 ……………………………… 19, 20, 21, 25
スプリアス信号 ……………………………… 51
スペクトラム・アナライザ ……………………………… 9
スムージング ……………………………… 38
整合PAD ……………………………… 44
整合トランス ……………………………… 109
セシウム周波数標準 ……………………………… 117
ゼロ・スパン ……………………………… 21, 67
選択度 ……………………………… 120
センタ周波数 ……………………………… 19, 20, 24
全搬送波両側波帯 ……………………………… 60
占有帯域幅 ……………………………… 61
掃引 ……………………………… 11, 37
掃引時間 ……………………………… 19, 37
掃引同期形 ……………………………… 11

125

掃引ポイント数	118
挿入損失	99
ソフト・キー	17, 18
ソフト・メニュー	19

た・タ行

ダイオード	54
ダイナミック・レンジ	12
ダイポール・アンテナ	18
ダイヤル・ノブ	17, 18
縦軸スケール	19
ダミー・ロード	54
中間周波数	11
ツートーン信号	80
ツートーン低周波発振器	84
ディジタル・フィルタ	13
ディスプレイ	19
デシベル	22
デルタ・マーカ	30
デルタ・マーカ・ポイント	30
テン・キー	17, 18
電圧定在波比	44
電源キー	17, 18
同軸ケーブル	42
トラッキング・ジェネレータ	89
トレース機能	85

な・ナ行

内蔵プリアンプ	50
入力信号レベル	41
ネットワーク・アナライザ	89
ネットワーク測定	89
ノイズ・フロア	46, 50
ノイズ・レベル変化	38
ノーマライズ	91

ノッチ・フィルタ	13

は・ハ行

ハード・キー	17, 18
ハイパス・フィルタ	13
ハイブリッド	79
パワー・スプリッタ	111
パワー・デバイダ	111
パワー・リミッタ	15, 108
反射波	44
搬送波	60
バンドエリミネーション・フィルタ	13
バンドスコープ	9
バンドパス・フィルタ	13, 36
ヒートラン	20
ひずみ	9, 10
ビデオ帯域幅	19, 21, 38
標準コネクタ	92
フィルタの帯域	12
フィルタの伝送特性	10
フィルタ方式	10
不要輻射	9, 51, 53
プリアンプ	46, 103, 109
フリー・ランニング方式	115
プリセレクタ	13, 114
フル・スパン	21, 67
フロア・ノイズ	38
ブロッキング・キャパシタ	15
分解能帯域幅	19, 21, 33
変調	9
変調度	61
方向性結合器	110

ま・マ行

マーカ	29

マーカ・テーブル ……………………………… 104
マーカ・ポイント ……………………… 19, 29, 30
マーカ機能 ……………………………………… 29
マーカ情報 ……………………………………… 19
マーカ分解能 ………………………………… 114
ミキサ …………………………………………… 75

や・ヤ行

抑圧搬送波単側波帯 …………………………… 61
抑圧搬送波両側波帯 …………………………… 61

ら・ラ行

リターン・ロス …………………………… 44, 99
リターン・ロス・ブリッジ ………… 100, 101
リニア・スケール ……………………………… 65
リファレンス・レベル …………………… 19, 22
ルビジウム周波数標準 ……………………… 117
ローパス・フィルタ …………………………… 13
ログ・アンプ …………………………………… 11
ログ・スケール ………………………………… 65

参考文献

（1）アジレント・テクノロジー社，N9320B RF スペクトラム・アナライザ Technical Overview, 5989-8800JAJP.pdf
（2）アジレント・テクノロジー社，MXA Signal Analyzer N9020A Data Sheet, 5989-4942EN.pdf
（3）アジレント・テクノロジー社，スペクトラム解析の基礎，1998 Back to Basics Seminar, 00-2565.pdf
（4）アジレント・テクノロジー社，入門ガイド N9020A MXA シグナル・アナライザ，N9020-90025.pdf
（5）アジレント・テクノロジー社，N9320B　RF Spectrum Analyzer Quick Start Guide
（6）アジレント・テクノロジー社，N9320B　RF Spectrum Analyzer User's Guide
（7）高橋朋仁；高周波信号解析に役立つ基本操作と応用　スペクトラム・アナライザ入門，CQ出版社

<著者略歴>

高橋 朋仁(たかはし・ともひと)

1964年生まれ
1979年 アマチュア無線局 JE6LVE 開局
福岡工業大学 通信工学科通信専攻卒業
第2級アマチュア無線技士

- ●本書記載の社名，製品名について ── 本書に記載されている社名および製品名は，一般に開発メーカの登録商標です．なお，本文中では™，®，©の各表示を明記していません．
- ●本書掲載記事の利用についてのご注意 ── 本書掲載記事は著作権法により保護され，また産業財産権が確立されている場合があります．したがって，記事として掲載された技術情報をもとに製品化をするには，著作権者および産業財産権者の許可が必要です．また，掲載された技術情報を利用することにより発生した損害などに関して，CQ出版社および著作権者ならびに産業財産権者は責任を負いかねますのでご了承ください．
- ●本書に関するご質問について ── 直接の電話でのお問い合わせには応じかねます．文章，数式などの記述上の不明点についてのご質問は，必ず往復はがきか返信用封筒を同封した封書でお願いいたします．ご質問は著者に回送し直接回答していただきますので，多少時間がかかります．また，本書の記載範囲を越えるご質問には応じられませんので，ご了承ください．
- ●本書複製等について ── 本書のコピー，スキャン，デジタル化等の無断複製は著作権法上での例外を除き禁じられています．本書を代行業者等の第三者に依頼してスキャンやデジタル化することは，たとえ個人や家庭内の利用でも認められておりません．

JCOPY 〈出版者著作権管理機構委託出版物〉
本書の全部または一部を無断で複写複製(コピー)することは，著作権法上での例外を除き，禁じられています．本書からの複製を希望される場合は，出版者著作権管理機構(TEL：03-5244-5088)にご連絡ください．

スペクトラム・アナライザによる高周波測定

2010年7月1日 初版発行
2024年6月1日 第4版発行

© 高橋 朋仁 2010
(無断転載を禁じます)

著　者　高橋　朋仁
発行人　櫻田　洋一
発行所　CQ出版株式会社
〒112-8619　東京都文京区千石4-29-14
☎03-5395-2122(編集)
☎03-5395-2141(販売)

ISBN978-4-7898-4097-2
定価はカバーに表示してあります
乱丁，落丁本はお取り替えします

編集担当者　山形　孝雄
DTP　　　　近藤企画
印刷・製本　三晃印刷㈱
Printed in Japan